配电自动化运维实训教材

专业理论题库

国网江苏省电力有限公司　组编

中国电力出版社
CHINA ELECTRIC POWER PRESS

内 容 提 要

目前配电自动化技术在全国取得了突破性的发展，配电自动化运维队伍也逐渐强大，本书依托国网江苏省电力有限公司技能培训中心配电自动化实训基地，注重理论内容的讲解。本书共六章，主要内容包括专业基础、配电主站、配电终端、配电通信及信息安全、保护及馈线自动化、规程规范等。

本书可供从事配电自动化相关专业的人员学习，题目源自日常工作、现场排故、规程标准，尤其适合一线员工使用。

图书在版编目（CIP）数据

配电自动化运维实训教材．专业理论题库/国网江苏省电力有限公司组编．—北京：中国电力出版社，2022.3

ISBN 978-7-5198-6210-7

Ⅰ．①配…　Ⅱ．①国…　Ⅲ．①配电自动化－教材　Ⅳ．①TM76

中国版本图书馆 CIP 数据核字（2021）第 238196 号

出版发行：中国电力出版社

地　　址：北京市东城区北京站西街 19 号（邮政编码 100005）

网　　址：http://www.cepp.sgcc.com.cn

责任编辑：刘丽平　张冉昕（010-63412364）

责任校对：黄　蓓　常燕昆

装帧设计：赵丽媛

责任印制：石　雷

印　　刷：三河市万龙印装有限公司

版　　次：2022 年 3 月第一版

印　　次：2022 年 3 月北京第一次印刷

开　　本：787 毫米×1092 毫米　16 开本

印　　张：13.75

字　　数：302 千字

印　　数：0001—3000 册

定　　价：55.00 元

编 委 会

前　言

配电自动化是以电力系统配电网一次网架和设备为基础，综合利用计算机、信息及通信等技术，并通过与相关应用系统的集成，实现对配电网的监测、控制和快速故障隔离。

2019 年国家电网有限公司举办首届配电自动化技能竞赛，国网江苏省电力有限公司代表队获得了团体第一名和终端方向个人第一、三、四、六名，主站方向个人第一、四名的优异成绩，以此为契机，组织参与竞赛的教学专家和选手，结合生产现场积累的宝贵经验和竞赛中取得的丰富经历形成本书。希望可以提升配电自动化终端建设运维水平，强化配电自动化实用化应用成效，切实提高供电可靠性，加快建设一支纪律严明、素质优良、技艺精湛的高技能人才队伍。

本书共六章，对配电自动化基础知识、配电主站、配电终端、配电通信及信息安全、保护及馈线自动化、规程规范相关知识进行整合，充分体现行业特色，瞄准应用、突出实践，希望将理论知识与现场工作有机结合。

本书由国网江苏省电力有限公司组织编写，参与编写的人员主要有朱卫平、邹杰、杨川、陈曦、吴海伟、杨文伟、孟彦直、赵亮、金鑫、夏磊、刘立运、方锐、方鑫、孙先灿、许秀娟、柏筱飞、张劲峰、丁磊、郭宇杰、吴冠儒、刘洋、赵小迪、张骁、蔡赓辉、吕东、肖小龙、杨雄、胡金峰、龚凯强、吴宁、刘晨、田江、张刘冬、王昊炜、吴凡、周力、张海波、周宇泽、张佳、吴健、沙莉、唐聪、孙威。

由于编写时间仓促，本书难免存在疏漏之处，恳请各位专家和读者提出宝贵意见，使之不断完善。

目　录

前言

● 第一章　专业基础 ………………………………………………………… 1
  一、选择题 ……………………………………………………………… 1
  二、判断题 …………………………………………………………… 15
  三、问答题 …………………………………………………………… 21

● 第二章　配电主站 ……………………………………………………… 29
  一、选择题 …………………………………………………………… 29
  二、判断题 …………………………………………………………… 39
  三、问答题 …………………………………………………………… 43

● 第三章　配电终端 ……………………………………………………… 54
  一、选择题 …………………………………………………………… 54
  二、判断题 …………………………………………………………… 82
  三、问答题 …………………………………………………………… 92

● 第四章　配电通信及信息安全 ……………………………………… 109
  一、选择题 ………………………………………………………… 109
  二、判断题 ………………………………………………………… 127
  三、问答题 ………………………………………………………… 133

● 第五章　保护及馈线自动化 ………………………………………… 146
  一、选择题 ………………………………………………………… 146
  二、判断题 ………………………………………………………… 163
  三、问答题 ………………………………………………………… 169

● 第六章　规程规范 …………………………………………………… 183
  一、选择题 ………………………………………………………… 183
  二、判断题 ………………………………………………………… 197
  三、问答题 ………………………………………………………… 201

第一章

专 业 基 础

一、选择题

1. 大规模储能技术中,目前只有(　　)技术相对成熟,而其他储能技术还处于试验示范阶段甚至初期研究阶段。

A. 电池储能
B. 超导储能
C. 抽水蓄能
D. 压缩空气储能

答案:C

2. 由雷电引起的过电压称为(　　)。

A. 内部过电压
B. 操作过电压
C. 工频过电压
D. 大气过电压

答案:D

3. 电容器中储存的能量是(　　)。

A. 热能　　　　B. 机械能　　　　C. 磁场能　　　　D. 电场能

答案:D

4. 电力系统中无功功率的主要损耗设备是(　　)。

A. 输电线路
B. 变压器
C. 电容器
D. 无功补偿设备

答案:B

5. 下面属于对称短路的是(　　)。

A. 单相短路
B. 两相短路
C. 三相短路
D. 两相接地短路

答案:C

6. 电网继电保护的整定不能兼顾速动性、选择性或灵敏性要求时,按(　　)原则取舍。

A. 局部电网服从整个电网
B. 下一级电网服从上一级电网
C. 局部问题自行消化
D. 以上都对

答案:D

7. (　　)是电力系统分析中最基本和最重要的计算,是各种电磁暂态和机电暂态分析的基础和出发点。

    A. 安全分析   B. 潮流计算

    C. 状态估计   D. 负荷预测

答案：B

8. 中性点不接地系统对设备绝缘的要求（   ）。

    A. 高   B. 低   C. 不变   D. 都不对

答案：A

9. 断路器的分闸速度快慢影响（   ）。

    A. 灭弧能力   B. 合闸电阻

    C. 使用寿命   D. 分闸阻抗

答案：A

10. 在线性电路中，系统发生不对称短路时，将网络中出现的三相不对称的电压和电流，分解为（   ）三组对称分量。

    A. 正、负、零序   B. 幅值、频率、初相

    C. 相序、频率、幅值   D. 电压、电流、功率

答案：A

11. 我国电力系统中性点接地方式有三种，分别是（   ）。

    A. 直接接地方式、经消弧线圈接地方式和经大电抗器接地方式

    B. 不接地方式、经消弧线圈接地方式和经大电抗器接地方式

    C. 直接接地方式、不接地方式、经消弧线圈接地方式

    D. 以上都不对

答案：C

12. 一般情况下，（   ）故障对电力系统稳定运行的影响最小。

    A. 二相接地短路   B. 三相短路

    C. 单相接地   D. 二相相间短路

答案：C

13. 把电力负荷与供电可靠性的要求相结合，以及中断供电后将会对政治、经济及社会生活所造成损失或影响的程度进行区分，可以分为（   ）。

    A. 一级   B. 二级   C. 三级   D. 四级

答案：C

14. 大电流接地系统中发生接地故障时，（   ）零序电压为零。

    A. 故障点   B. 变压器中性点接地处

    C. 系统电源处   D. 变压器中性点间隙接地处

答案：B

15. 按照"统筹城乡电网、统一技术标准、差异化指导规划"的思想，国家电网公司明确了供电区域划分原则，并将公司经营区分为（   ）类供电区域。

A．四   B．五   C．六   D．七

答案：C

16．水电站主要利用水的（   ）。

A．分子能   B．势能   C．热能   D．化学能

答案：B

17．光伏电站属新能源类电站，光伏电站在并网运行时（   ）。

A．可以由电站运行人员自行从电网切除

B．必须由调度部门下达指令后才能从电网切除

C．可以由电站运行人员自行从电网切除后，上报给调度部门

D．当按调控指令切除后，可再次自行并网发电

答案：B

18．发电机与系统和二次系统间，无特殊规定时应采用准同期法并列。准同期法并列的条件是（   ）。

A．相序一致，相位相同，电压相等

B．频率相等，电压相等

C．相序一致，频率相等，电压相等

D．相序一致，相位相同，频率相等，电压相等

答案：D

19．一台三相变压器的接线组别是 YNd11 表示一次绕组为星形接法，二次绕组为三角形接法，则二次绕组超前一次绕组（   ）。

A．30°   B．60°   C．90°   D．120°

答案：A

20．变压器的接线组别表示的是变压器高、低压侧（   ）间的相位关系。

A．线电压   B．线电流   C．相电压   D．相电流

答案：A

21．凡采用保护接零的供电系统，其中性点接地电阻不得超过（   ）。

A．5Ω B．4Ω C．3Ω D．2Ω

答案：B

22．直流电路中，电流流出的一端称为电源的（   ）。

A．正极   B．负极   C．端电压   D．电动势

答案：A

23．电感元件的基本工作性能是（   ）。

A．消耗电能   B．产生电能

C．储存能量   D．传输能量

答案：C

24．以下不是电缆敷设方式的是（   ）。

A. 直埋式   B. 电缆隧道

C. 充填式   D. 电缆排管

答案：C

25. 超导输电线路的传输容量可以达到同电压等级直流输电容量的（   ）倍。

A. 2   B. 4   C. 6   D. 10

答案：D

26. 直流电网是以（   ）技术为基础，由直流线路互联组成能量传输系统。

A. 整流器   B. 逆变器

C. 柔性直流输电   D. 传统直流输电

答案：C

27. 以下设备均属于电力一次设备的是（   ）。

A. 隔离开关、蓄电池、变压器

B. 电流互感器、母线、避雷器

C. 断路器、控制电缆、电流表

D. 配电开关、蓄电池、母线

答案：B

28. 为了保证用户电压质量，系统必须保证有足够的（   ）。

A. 有功容量   B. 电压

C. 无功容量   D. 电流

答案：C

29. 电流增大和（   ）是电力系统中短路故障的基本特征。

A. 电压升高   B. 电压降低

C. 电力减小   D. 功率降低

答案：B

30. 相对误差与绝对误差相比，（   ）大小和正负号，（   ）计量单位。

A. 有，有   B. 有，无

C. 无，有   D. 无，无

答案：B

31. 彼此相差120°的负序向量是按（   ）方向排列。

A. 顺时针   B. 逆时针

C. 直线   D. 不能确定

答案：B

32. 断路器停役时，必须按照（   ）的顺序操作，送电时相反。

A. 断路器、负荷侧隔离开关、母线侧隔离开关

B. 断路器、母线侧隔离开关、负荷侧隔离开关

C. 负荷侧隔离开关、母线侧隔离开关、断路器

D．母线侧隔离开关、负荷侧隔离开关、断路器

答案：A

33．220V 单相供电电压偏差为标称电压的（　　　）。

A．＋5%，－5%

B．＋10%，－10%

C．＋7%，－7%

D．＋7%，－10%

答案：D

34．低压配电网（220V/380V）公共连接点电压总谐波畸变率应小于（　　），中压配电网（10kV）公共连接点电压总谐波畸变率应小于（　　）。

A．5%，7%

B．5%，5%

C．3%，3%

D．5%，4%

答案：D

35．电网运行方式变动和大负荷接入前，应对电网（　　　）进行评估。

A．负荷接入能力

B．应对负荷波动能力

C．转供负荷能力

D．以上都不是

答案：C

36．三相配电变压器绕组联结组别宜优先选用（　　　）。

A．Yyn11

B．Dyn11

C．Dy11

D．Yd11

答案：B

37．配电自动化建设规划的方向是（　　　）。

A．经济实用

B．提前占通道

C．未来发展

D．用户要求

答案：A

38．环网单元也称环网柜或开闭器，用于中压电缆线路分段、联络及（　　　）负荷。

A．分接

B．扩增

C．区分

D．断接

答案：A

39．开关站一般都有来自不同变电站或同一变电站不同10kV母线的两路或多路（　　）的可靠电源，能为用户提供双电源，以确保重要用户的可靠供电。

A．相互联络

B．相互独立

C．同方向

D．互供

答案：B

40．隔离开关是配电装置中最简单和应用最广泛的电器，它主要用于（　　　）。

A．切断额定电流

B．停电时有明显的断开点

C．断短路电流

D．切断过载电流

答案：B

41．断路器的跳闸辅助触点应在（　　　）接通。

A．合闸过程中，合闸辅助触点断开后

B．合闸过程中，动、静触头接触前

C．合闸过程中

D．合闸终结后

答案：B

42．电缆线路和电缆超过（　　）的混合线路，不投重合闸。

A．60%　　　　　　　B．30%　　　　　　　C．50%　　　　　　　D．40%

答案：C

43．以下属于分界负荷开关本体故障的是（　　）。

A．雷电等过大的浪涌冲击电压造成开关烧坏

B．避雷器故障造成开关烧坏

C．开关内部进水，引起故障

D．开关经常自动分闸

答案：D

44．标幺值是各物理量及参数的（　　）值，（　　）标准量纲的数值。

A．相对，带　　　　　　　　　　　　　B．相对，不带

C．绝对，带　　　　　　　　　　　　　D．绝对，不带

答案：B

45．断路器的额定电压指（　　）。

A．断路器正常工作电压　　　　　　　　B．正常工作相电压

C．正常工作线电压有效值　　　　　　　D．正常工作线电压最大值

答案：C

46．架空线路的分段数一般为（　　）段，根据用户数量或线路长度在分段内可适度增加分段开关，缩短故障停电范围，但分段数量不应超过（　　）段。

A．2，5　　　　　　　B．3，6　　　　　　　C．3，5　　　　　　　D．3，8

答案：B

47．产生电压崩溃的原因为（　　）。

A．有功功率严重不足　　　　　　　　　B．无功功率严重不足

C．系统受到小的干扰　　　　　　　　　D．系统发生短路

答案：B

48．"五防"中可采用提示性装置的是（　　）。

A．防止误分、合断路器

B．防止误入带电间隔

C．防止带负荷分、合隔离开关

D．防止带电挂（合）接地线（接地开关）

答案：A

49．电力变压器一、二次绕组对应电压之间的相位关系称为（　　）。

A．联结组别   B．短路电压

C．空载电流   D．短路电流

答案：A

50．测量绝缘电阻及直流泄漏电流通常不能发现的设备绝缘缺陷是（　　）。

A．贯穿性缺陷   B．整体受潮

C．贯穿性受潮或脏污   D．整体老化及局部缺陷

答案：D

51．中压配电设备中避雷器的标称放电电流一般应按照（　　）kA执行。

A．5   B．10   C．15   D．20

答案：A

52．现场校验遥测时，当线电压为100V、相电流为2.5A、功率因数为0.9时，二次有功功率为（　　）W。

A．400   B．433   C．390   D．225

答案：C

53．一块电压表的最大量程为500V，得知其在测量时的最大绝对误差为0.5V，这块电压表的准确等级为（　　）。

A．0.01   B．0.02   C．0.1   D．0.2

答案：C

54．用万用表测量通道模拟信号时，应使用（　　）挡。

A．直流电压   B．交流电压   C．电阻   D．频率

答案：B

55．全线敷设电缆的配电线路，一般不装设自动重合闸，原因是（　　）。

A．电缆线路故障几率少

B．电缆线路故障多为永久性故障

C．电缆线路故障后无法实现重合

D．电缆配电线路是低压线路

答案：B

56．试送是指（　　）。

A．设备带标准电压但不接带负荷

B．对设备充电并带负荷

C．设备因故障跳闸后，未经检查即送电

D．设备因故障跳闸后经初步检查后再送电

答案：D

57．用绝缘电阻表对电气设备进行绝缘电阻的测量，（　　）。

A．主要是测定电气设备的耐压

B．主要是判别电气设备的绝缘性能

C．主要是检测电气设备的导电性能

D．主要是测定电气设备绝缘的老化程度

答案：B

58．分布式电源的接地方式应（　　　）。

A．接地运行 　　　　　　　　　　　　 B．和电网侧一致

C．不接地运行 　　　　　　　　　　　 D．无要求

答案：B

59．变压器容量选择应适度超前于负荷需求，并综合考虑配电网经济运行水平，年最大负载率不宜低于（　　　）。

A．0.5 　　　　 B．0.6 　　　　 C．0.7 　　　　 D．0.8

答案：A

60．在中性点经低电阻接地方式下，接地短路电流应控制在（　　　），以确保流经变压器绕组的故障电流不超过每个绕组的额定值。

A．600～1000A 　　　　　　　　　　 B．300～600A

C．1000～1500A 　　　　　　　　　　 D．1500～2000A

答案：A

61．新加坡配电自动化通过多个变电站联络形成（　　　）网络结构，站间联络开环运行、站内联络闭环运行，提高供电可靠性。

A．樱花状 　　　 B．梅花状 　　　 C．荷花状 　　　 D．兰花状

答案：B

62．日本配电自动化依托科学规划建成稳定的网架结构（以六分段、三连接为主），适用于小容量、多布点、（　　　）城市配电网。

A．长距离 　　　 B．中距离 　　　 C．中长距离 　　　 D．短距离

答案：D

63．法国配电自动化基于（　　　）建设配电综合管理系统，对中低压配电网进行集中监控与分析管控。

A．GPS 　　　　 B．GIS 　　　　 C．CIS 　　　　 D．PMS

答案：B

64．我国在（　　　）开展了配电自动化建设与应用的尝试。

A．20世纪90年代后期 　　　　　　　 B．20世纪90年代初期

C．20世纪80年代后期 　　　　　　　 D．21世纪初期

答案：A

65．单相接地故障电容电流在10A及以下，宜采用（　　　）。

A．中性点不接地方式 　　　　　　　　 B．中性点经消弧线圈方式接地

C．中性点经低电阻接地方式 　　　　　 D．中性点经中电阻接地方式

答案：A

66. 双环、双射、单环电缆线路的最大负荷电流不应大于其额定载流量的（　　），转供时不应过载。

A. 40%　　　　　B. 50%　　　　　C. 60%　　　　　D. 70%

答案：B

67. 在有风时，拉开跌落式熔断器的操作，应按（　　）顺序进行。

A. 先下风相，后上风相　　　　　　　B. 先中间相，后两边相

C. 先上风相，后下风相　　　　　　　D. 先中间相，继下风相，后上风相

答案：D

68. 某个供电公司安装了100台配电自动化终端，1月5日某一路光纤受到外力破坏，导致18台终端停电4h,配电终端(distribution terminal unit,DTU)月平均在线率为（　　）。

A. 95.68%　　　　　B. 98.5%　　　　　C. 99.5%　　　　　D. 99.9%

答案：D

69. 电气设备的冷备用状态指的是（　　）。

A. 设备的所有开关、隔离开关均断开，挂好接地线或合上接地开关的状态

B. 设备开关、隔离开关均在合入位置

C. 开关断开、其两侧隔离开关和相关接地开关处于断开位置

D. 设备开关断开，隔离开关在合入位置

答案：C

70. 发生各种短路故障时，下列说法正确的是（　　）。

A. 正序电压越靠近故障点越小

B. 负序电压越靠近故障点越小

C. 零序电压越靠近故障点越大

D. 三相电压都不平衡

答案：AC

71. 无功补偿装置应根据（　　）的原则进行配置，下列说法正确的是（　　）。

A. 分层分区　　　　　　　　　　　　B. 就地平衡

C. 便于调整电流　　　　　　　　　　D. 便于调整电压

答案：ABD

72. 电力系统电压控制的目的是（　　）。

A. 向用户提供合格的电能质量

B. 保证电力系统安全稳定运行

C. 降低电网传输损耗，提高系统运行的经济性

D. 减少用户停电时间

答案：ABC

73. 技术降损可采取的措施有（　　）。

A. 配电变压器宜接近负荷重心（中心）供电，缩短低压线路供电半径

9

B. 中低压线路应提高功率因数

C. 宜采用 S12 及以上的节能型配电变压器，逐步淘汰高损耗配电变压器

D. 宜采用各种技术经济措施（储能等），消减负荷峰谷差，降低电网损耗

答案：ABD

74. 自动重合闸装置不应动作的情况是（　　　）。

A. 由值班人员手动跳闸或通过遥控装置跳闸时

B. 手动合闸由于线路上有故障而随即被保护跳闸时

C. 继电保护动作时

D. 出口继电器误碰跳闸时

答案：AB

75. 小电阻接地的特点是（　　　）。

A. 单相接地时，健全相电压升高接续时间短，对设备绝缘等级要求较低

B. 单相接地时，线电压对称

C. 零序保护如动作不及时，将使接地点及附近的绝缘受到更大的危害，可能导致相间故障的发生

D. 单相接地时，非故障相电压升高 $\sqrt{3}$ 倍

答案：AC

76. 配电网按电压等级的不同，可分为（　　　）。

A. 高压配电网　　　　　　　　　　　B. 中压配电网

C. 低压配电网　　　　　　　　　　　D. 城市配电网

答案：ABC

77. 小接地电流系统发生单相接地时的特征有（　　　）。

A. 接地电流很小　　　　　　　　　　B. 线电压对称

C. 非故障相电压升高 $\sqrt{3}$ 倍　　　　　D. 没有负序电压分量

答案：ABC

78. 配电自动化建设应结合以下（　　　）方面进行规划设计。

A. 配电网接线方式　　　　　　　　　B. 设备现状

C. 负荷水平　　　　　　　　　　　　D. 不同供电区域的供电可靠性要求

答案：ABCD

79. 配电系统自动化是电力系统自动化的必然趋势，它是综合应用（　　　）并与配电设备相结合。

A. 现代电子技术　　　　　　　　　　B. 通信技术

C. 网络技术　　　　　　　　　　　　D. 计算机技术

答案：ABCD

80. 配电自动化终端与主网自动化装置的主要区别（　　　）。

A. 点多面广　　　　　　　　　　　　B. 运行环境恶劣

C. 配置多功能丰富

D. 结构及安装方式多样化

答案：ABCD

81. 中压架空和电缆线路应深入低压负荷中心，宜采取（　　）的供电方式配置配电变压器。

A. 小容量　　　　　　B. 大容量　　　　　C. 密布点　　　　D. 短半径

答案：ACD

82. 10kV 电缆网典型接线方式有（　　）。

A. 单环网接线方式

B. 双射接线方式

C. 双环网接线方式

D. 对射接线方式

答案：ABCD

83. 柱上开关的安装方式有（　　）。

A. 塔式　　　　　　　B. 座装式　　　　　C. 吊装式　　　　D. 杆式

答案：BC

84. 差异化开展终端建设，终端采用（　　）3 种配电自动化建设模式，满足不同类型供电区域建设需要。

A. 高端　　　　　　　B. 常规　　　　　　C. 实用　　　　　D. 简易

答案：ABD

85. 中压架空网的典型接线方式包括（　　）3 种类型。

A. 辐射式

B. 多分段单联络

C. 多分段多联络

D. 花瓣式

答案：ABC

86. 下列选项中，给单相接地故障的选线定位工作带来困难是（　　）。

A. 配电网结构复杂

B. 故障类型复杂多样

C. 管理水平低下

D. 现场中性点接地方式不固定

答案：ABD

87. 利用稳态信息的选线方法有（　　）。

A. 零序过电流法

B. 零序电流群体比幅法

C. 零序电流比相法

D. 有功分量法

答案：ABCD

88. 配电网线损计算是（　　）的基础。

A. 配电网网络规划

B. 经济运行

C. 技术改造

D. 配电网评估

答案：ABCD

89. 分布式发电是指依靠分布式电源进行发电并接入到区域配电网的发电方式，主要有（　　）等。

A. 光伏发电

B. 风力发电

C．小型水电　　　　　　　　　　　　D．核电

答案：ABC

90．根据储能形式的不同，分布式储能装置可分为（　　）。

A．蓄电池储能　　　　　　　　　　　B．超导储能

C．超级电容器储能　　　　　　　　　D．飞轮储能

答案：ABCD

91．环网柜由（　　）组成。

A．环进环出单元　　　　　　　　　　B．馈线单元

C．母线设备（TV）单元　　　　　　　D．DTU 单元

答案：ABCD

92．环网柜应具有可靠的"五防"功能：防止误分、误合断路器，（　　）。

A．防止带负荷分、合隔离开关　　　　B．防止带电合接地开关

C．防止带接地开关送电　　　　　　　D．防止误入带电间隔

答案：ABCD

93．开关柜典型分类包括（　　）。

A．负荷开关单元

B．负荷开关—熔断器（组合电器）单元

C．断路器单元

D．母线设备单元

答案：ABCD

94．柱上开关设备包括（　　）。

A．柱上负荷开关　　　　　　　　　　B．柱上断路器

C．柱上熔断器　　　　　　　　　　　D．柱上隔离开关

答案：ABCD

95．分界开关本体结构由（　　）和密封系统组成。

A．绝缘系统　　　　　　　　　　　　B．操作系统

C．导电系统　　　　　　　　　　　　D．测量系统

答案：ABCD

96．交流模拟量输入电路接入（　　）的二次输出信号。

A．电压互感器　　　　　　　　　　　B．二次回路

C．电流互感器　　　　　　　　　　　D．传感器

答案：ACD

97．中压配电网包括的电压等级有（　　）。

A．110kV　　　　B．10kV　　　　C．20kV　　　　D．35kV

答案：BC

98．中性点有效接地方式分为中性点（　　）和（　　）两种接地方式。

A．不接地   B．直接接地

C．经低电阻接地   D．经大电阻接地

答案：BC

99．电压测量回路中（   ）。

A．不能开路   B．不能短路

C．不能接地   D．不能超过额定值测量

答案：BC

100．配电网调压方法主要有（   ）和（   ）两种。

A．变压器调压   B．无功功率补偿

C．更换导线   D．更换设备

答案：AB

101．以下是二次设备的有（   ）。

A．变压器   B．FTU❶   C．DTU   D．TA

答案：BC

102．电压互感器的基本误差有（   ）。

A．电压误差   B．角度误差

C．频率误差   D．复合误差

答案：AB

103．运用中的电气设备是指（   ）的电气设备。

A．全部带有电压   B．部分带有电压

C．一经操作即带有电压   D．带有可靠接地点

答案：ABC

104．设系统各元件的正、负序阻抗相等，在两相金属性短路情况下，其特征是（   ）。

A．故障点的负序电压高于故障点的正序电压

B．没有零序电流、没有零序电压

C．非故障相中没有故障分量电流

D．故障点正序电压高于故障点负序电压

答案：BC

105．环网柜主要有（   ）等类型。

A．六氟化硫（SF_6）负荷开关环网柜

B．真空负荷开关环网柜

C．真空断路器开关环网柜

D．惰性气体开关柜

答案：ABC

---

❶ 馈线终端（feeder terminal unit，FTU）。

106. 互感器是将高压电按一定变比，变成专供（　　）二次回路使用的电压。

A. 测量仪表 B. 计量仪表

C. 继电保护 D. 自动装置

答案：ABCD

107. 环网柜的绝缘方式包括（　　）。

A. 空气绝缘 B. 固体绝缘

C. 油绝缘 D. 气体绝缘

答案：ABD

108. 下列措施中可以弥补电流互感器10%误差要求的是（　　）。

A. 增大二次电缆截面 B. 并接备用电流互感器

C. 改用容量较高的二次绕组 D. 提高电流互感器变比

答案：ACD

109. 配电自动化"三遥"功能指的是（　　）。

A. 遥控 B. 遥测 C. 遥调 D. 遥信

答案：ABD

110. 浇注式互感器中产生局部放电的原因主要为（　　）。

A. 内部有气泡或者裂痕 B. 有悬浮金属颗粒

C. 有尖角毛刺或导体曲率半径过小 D. 设计裕度太小

答案：ABCD

111. 断路器和隔离开关间的联锁方式包括（　　）。

A. 机械联锁 B. 电气联锁

C. 程序锁 D. 微机"五防"

答案：ABCD

112. 负荷预测按照预测周期可分为（　　）负荷预测。

A. 超短期 B. 短期 C. 中期 D. 长期

答案：ABCD

113. 电力系统分析计算中支路元件参数包括（　　）。

A. 线路电阻 B. 电抗 C. 对地导纳 D. 发电机

答案：ABC

114. 电力系统的三大计算程序是指（　　）。

A. 潮流计算 B. 可靠性计算

C. 短路电流计算 D. 暂态稳定计算

答案：ACD

115. 通过多个变电站联络形成的梅花状花瓣网络结构具有（　　）特点。

A. 站间联络闭环运行、站内联络开关运行

B. 基于高速载波通信网络，采用载波纵差等保护方式

C．站间联络开环运行、站内联络闭环运行

D．基于高速光纤通信网络，采用光纤纵差等保护方式

答案：CD

116．配电室设有（　　　）。

A．中压进线　　　　　　　　　　　B．配电变压器

C．低压配电装置　　　　　　　　　D．环网柜

答案：ABC

117．新一代配电自动化框架主要涉及（　　　）。

A．信息安全分区及其边界管控划分　B．配电主站

C．配电终端　　　　　　　　　　　D．电网调度控制系统

答案：ABC

二、判断题

1．10kV 低电阻接地系统不应只有一个中性点低电阻接地运行，正常运行时不应失去接地变压器或中性点电阻；当接地变压器或中性点电阻失去时，主变压器的同级断路器应同时断开。　（错）

2．10kV 及以下接入用户侧电源项目，要求具备低电压穿越能力。　（错）

3．在电网无接地故障时，允许用隔离开关拉、合电流互感器。　（错）

4．避雷器的作用是通过串联放电间隙或非线性电阻的作用，对入侵流动波进行削幅，降低被保护设备所受过电压值。　（错）

5．任何情况下变压器均不能过负荷运行。　（错）

6．采用双路或多路电源供电时，供电线路宜采取同路径架设（敷设）。　（错）

7．超级电容器储能的过程中不发生化学反应，因此储能过程不可逆。　（错）

8．低电阻接地方式改造，应同步实施用户侧和系统侧改造，用户侧零序保护和接地可不进行同步改造。　（错）

9．电缆载流量是电力电缆在最高允许工作温度下，电缆导体允许通过的额定电流。　（错）

10．电能质量是指供电装置在正常情况下不中断和干扰用户使用电力的物理特性。　（对）

11．分布式电源接入 20kV 及以下系统，三相公共连接点电压偏差不超过标称电压的 ±10%。　（错）

12．用隔离开关可以拉、合各种负荷电流和各种设备的充电电流和故障电流。　（错）

13．空心线圈式电流互感器开口电压高，开路比较危险。　（错）

14．双环、双射、单环电缆线路的最大负荷电流不应大于其额定载流量的 70%，转供时不应过载。　（错）

15．我国电力系统中性点接地方式主要有直接接地方式、经消弧线圈接地方式。　（错）

16．中性点经消弧线圈接地后，若单相接地故障的电流呈感性，此时的补偿方式为欠补偿。 （错）

17．架空线路应使用柱上开关，也可使用单一隔离开关作为线路联络点。 （错）

18．N-1 原则是指正常运行方式下的电力系统中任一元件（如线路、发电机、变压器等）无故障或因故障断开，电力系统应能保持稳定运行和正常供电，其他元件不过负荷，电压和频率均在允许范围内。 （对）

19．一级负荷是指突然停电将会造成人身伤亡，或在经济上造成重大损失，或在政治上造成重大不良影响、公共秩序严重混乱、造成环境严重污染的这类负荷。 （对）

20．10kV 中性点采用经低电阻接地方式时，架空线路应实现全绝缘化，降低单相接地故障次数。 （对）

21．当电压处于规定范围且无功不倒送时，应避免无功补偿电容器组频繁投切。 （对）

22．高土壤电阻率地区可采用增设接地电极降低接地电阻或换土填充等物理性降阻方式，不得使用化学类降阻剂。 （对）

23．沿海、盐雾及严重化工污秽区域应增大绝缘子爬电距。 （对）

24．电力系统是发电厂、变电站、电力线路及用户连接起来构成的整体。 （对）

25．电力系统三相阻抗对称性的破坏，将导致电流和电压对称性的破坏，因而会出现负序电流。当变压器的中性点接地时，还会出现零序电流。 （对）

26．电力系统的静态稳定是指系统在某种运行方式下突然受到大的扰动后，经过一个机电暂态过程达到新的稳定运行状态或回到原来的稳定状态。 （错）

27．电力系统的暂态稳定是指电力系统受到小干扰后不发生非周期性失步，自动恢复到起始运行状态。 （错）

28．潮流计算的基本模型是根据各母线注入功率计算各母线电压和相角。 （对）

29．电力系统不接地系统供电可靠性高，但对绝缘水平的要求也高。 （对）

30．低一级电网中的任何元件发生各种类型的故障均不得影响高一级电网的稳定运行。 （对）

31．三相重合闸方式，即任何类型故障发生时，保护动作，三相跳闸，三相重合；重合不成功，跳开三相。 （对）

32．为了改善电力系统的功率因数，变压器不应空载运行或长期处于低负载运行状态。 （对）

33．为提高保护动作的可靠性，不允许交直流回路共用同一根电缆。 （对）

34．正常运行中的电流互感器一次最大负荷不得超过 1.2 倍额定电流。 （对）

35．断路器在合闸状态下发弹簧未储能只会影响断路器重合闸，不会影响断路器分闸。 （对）

36．母线电压互感器更换后，应安排核相。 （对）

37．电压互感器发生异常情况（如严重漏油，并且油位看不见），随时可能发展成故障时，必须用断路器切断电压互感器所在母线的电源。 （对）

38．对于早期接入的变流器类型分布式电源不具备防孤岛保护功能时，需要在接入的线路发生故障时，联切分布式电源。 （对）

39．在大电流接地系统中，线路发生单相接地短路时，母线上电压互感器开口三角形的电压就是母线的零序电压 $3U_0$。 （对）

40．电力系统的设备状态一般划分为运行、热备用、冷备用和检修四种状态。 （对）

41．热备用设备属于运用中的设备。 （对）

42．新设备或检修后相位可能变动的设备，投入运行时，应校验相序相同后才能进行同期并列，校核相位相同后，才能进行合环操作。 （对）

43．上级电网中双线供电的变电站，当一条线路停电检修时，在负荷允许的情况下，优先考虑负荷全部由另一回线路供电。 （对）

44．采用中性点不接地方式或经消弧线圈接地方式的系统被称为小电流接地系统。（对）

45．在小电流接地系统中发生单相接地故障时，其相间电压基本不变。 （对）

46．电流互感器变比越大，二次开路电压越大。 （对）

47．分布式电源的接入点是指分布式电源接入电网的连接处，该电网既可能是公共电网，也可能是用户电网。 （对）

48．10kV 并网的分布式发电系统无功补偿容量的计算，应充分考虑逆变器功率因数、汇集线路、变压器和送出线路的无功损失等因素。 （对）

49．中压架空绝缘线路周围有高大建筑等屏蔽物时可不采取防雷击断线措施。 （对）

50．带有重要负荷或供电连续性要求较高负荷的架空裸导线线路宜采用带间隙避雷器保护。 （对）

51．线路为绝缘导线或带重要负荷时，宜同时采取架空地线和带间隙避雷器的保护措施。 （对）

52．中低压架空主干线路宜按照全寿命周期不更换导线原则进行选型。 （对）

53．电缆线路主要用于通道狭窄，架空线路难以通过或市政规划有特殊要求的地区，以及电网结构或运行安全有特殊需要的地区。 （对）

54．电流互感器二次回路单相开路时，开路相无电流，导致二次设备采集的电流缺相。 （对）

55．同一地区同类供电区域的电网结构应尽量统一。 （对）

56．电网事故分为特大电网事故、重大电网事故和一般电网事故。 （对）

57．电缆主干线和重要负荷供电电缆不宜采用直埋方式。 （对）

58．RFID 是自动识别技术的一种，通过无线射频方式进行非接触双向数据通信。（对）

59．变压器全电压充电时在其绕组中产生的暂态电流称为变压器励磁涌流。 （对）

60．中压配电网具有供电面广、容量大、配电点多等特点。 （对）

61．强化配电网运行监测，及时发现重过载、低电压、三相不平衡以及供电能力不足等配电网薄弱环节，指导配电网精准建设。 （对）

62．10kV 系统接地相电压在零与额定电压间反复变动，可判断为金属性接地。 （错）

63．10kV 及以下配电线路，自配电变压器二次侧出口至线路末端（不包括接户线）的允许电压降为额定电压的 5%。 （错）

64．变电站馈出至中压开关站的干线电缆截面不宜小于铜芯 300mm²，馈出的双环、双射、单环网干线电缆截面不宜大于铜芯 240mm²。 （错）

65．中压配电线路包括 3、6、10、20、35kV 线路。 （错）

66．城市配电网的所有线路宜采用电缆。 （错）

67．电流互感器不完全星形接线，不能反应所有的接地故障。 （对）

68．单相接地故障电容电流超过 200A 以上，或以电缆网为主时，宜采用中性点经低电阻接地方式。 （错）

69．当配电线路采用中性点不接地方式或经消弧线圈接地方式时，接地故障时电流很大，故称为大电流接地系统。 （错）

70．低压线路应有明确的供电范围，低压配电网应结构简单、安全可靠，一般采用放射式结构，其设备选用应标准化。 （对）

71．电网无功补偿的原则一般是按全网平衡原则进行。 （错）

72．对于有联络（含开关站站间联络）的线路，主干线首端为变电站的 10kV 出线开关，末端为联络开关。主干线含开关站的出线。 （错）

73．一次设备是对二次设备进行测量、监视和控制操作的设备，如继电保护与自动装置、配电自动化终端等。 （错）

74．根据《配电网规划设计技术导则》（Q/GDW 1738—2012），规划供电区域划分为A＋、A、B、C、D 五种。 （错）

75．变压器的过负荷保护应动作于跳闸。 （错）

76．户外的配电终端和开关柜二次设备室必须配置除湿装置，如加热板。 （错）

77．接入分布式电源的配电网线路，分布式电源侧重合闸启停不做具体要求。 （错）

78．配电架空线路主要是指主干线为架空线路的 10kV 线路。 （错）

79．在任何情况下，都允许用隔离开关带电拉、合电压互感器及避雷器。 （错）

80．线路的转供能力与变压器容量裕度无关。 （错）

81．中性点不接地或经消弧线圈接地系统发生单相接地故障，线路开关宜立即动作跳闸。 （错）

82．在配电运维检修工作中，为提高供电可靠性，确保用户供电不中断，按照"能带电、不停电""更简单、更安全"的原则，优先考虑采取停电作业方式。 （错）

83．强化综合停电管理，做到"一停多用"，禁止"一事一停"，杜绝用户短期内重复停电。 （对）

84．中、低压供电回路的元件如开关、电流互感器、电缆及架空线路等载流能力应匹配，不应因单一元件的载流能力而限制线路可供负荷能力及转移负荷能力。 （对）

85．中压电缆分支箱仅用于非主干回路的分支线路，作为末端负荷接入使用，适用于分接中小用户负荷，不应接入主干线路及联络线路中。 （对）

86．在有条件的场所，可利用配电自动化终端装置记录并采集配电网电压异常、故障前兆信息，进行故障区段判断、故障预警及配电网状况分析等。 （对）

87．10kV 配电网目标电网应满足配电自动化发展需求，具有一定的自愈能力和应急处理能力，并能有效防范故障连锁扩大。 （对）

88．配电网按供电地域特点不同或服务对象不同，可分为城市配电网和农村配电网。 （对）

89．鼓励集体企业积极参与不停电作业，规范业务外包管理模式。 （对）

90．经不同中性点接地方式的配电网应避免互带负荷。 （对）

91．由电力负荷中心向各个电力用户分配电能的线路称为配电线路。 （对）

92．在变压器中性点装设消弧线圈目的是补偿电网接地时电容电流。 （对）

93．在小电流、低电压的电路中，隔离开关具有一定的自然灭弧能力。 （对）

94．各电压等级配电网无功电压运行应符合相关规定的要求。 （对）

95．10kV 合环运行的线路相位、相序必须一致。 （对）

96．配电网运维工作主要包括巡视、维护、缺陷与隐患处理、运行分析及设备退役等。 （对）

97．配电自动化对配电网抢修作业具有指挥支撑作用，是故障抢修工作功能系统的现场数据采集和故障感知的信息基础。 （对）

98．配电网的检修和抢修是配电网日常工作的两个方面，检修是常态工作，抢修是配电网非正常情况下的应急处理，即故障处理工作。 （对）

99．配电一次设备与二次回路是配电自动化系统建设和应用的基础。 （对）

100．环网柜用于配电网电缆线路环网式供电，能够实现供电系统的环网连接和负荷接入。 （对）

101．常用电缆分支箱分为美式电缆分支箱和欧式电缆分支箱。 （对）

102．负荷开关与高压熔断器串联形成负荷开关和熔断器的组合电器，用负荷开关切断负荷电流，用熔断器切断短路电流及过载电流，在功率不大或不太重要的场所，可代替价格昂贵的断路器使用，可降低配电装置的成本，而且其操作和维护也较简单。 （对）

103．10kV 配电网绝缘水平较低，雷击架空地线后易造成直击闪络，会发生工频续流烧断绝缘导线。 （错）

104．增量配电网同步实施配电自动化，对于电缆线路中新安装的开关站、环网箱等配电设备，按照"二遥"标准同步配置终端设备。 （错）

105．提供认识，确保高效，配电自动化建设过程中要力求实现全"三遥"、全光纤。 （错）

106．电源输入和输出应实现电气隔离。 （对）

107．对于断路器的分、合闸状态，应有明显的位置信号，故障自动跳闸、合闸时，应有明显的动作信号。 （对）

108．多数厂家的环网柜辅助装置可带电更换，对部分不能更换的可就地采取密封

措施。　　　　　　　　　　　　　　　　　　　　　　　　　　　　　　　（对）

109．分布式电源并网点应安装易操作、可闭锁、具有明显开断点、带接地功能、可开断故障电流的开断设备。　　　　　　　　　　　　　　　　　　（对）

110．环网柜的短时耐受电流为 10、16、20kA。　　　　　　　　　　　（错）

111．环网柜二次部分 DTU/箱式 FTU 可以使用电裸露型端子排（TB 型）。　（错）

112．在正常情况下，为保证配电网的辐射状运行结构，联络开关一般合位运行。（错）

113．经消弧线圈接地的配电网当发生单相接地故障时，三相电路对称性受到破坏，不平衡电压上升为系统额定电压，通过中性点消弧线圈与线路对地电容形成串联电流回路，感性电流补偿容性电流，补偿后零序电流很小，不要求保护装置动作，允许配电网带故障运行 1～2h。　　　　　　　　　　　　　　　　　　　　　　　（错）

114．经消弧线圈接地的配电网正常运行时，三相对地电压存在一定的不平衡电压 U_0，一般为系统额定电压 U_N 的 1%～1.5%。　　　　　　　　　　　　　（错）

115．断路器内部进水，引起故障是断路器本体故障。　　　　　　　　　（错）

116．六氟化硫（SF_6）负荷开关环网柜的其中一类是共气室式，一个六氟化硫（SF_6）气室最多可有 5～10 个单元。　　　　　　　　　　　　　　　　　　　（错）

117．美式箱式变压气具有公共外壳。　　　　　　　　　　　　　　　　（错）

118．配电检修设备可分为 A＋、A、B、C、D、E 六类检修，遵循"安全第一、预防为主、综合治理"的方针。　　　　　　　　　　　　　　　　　　　　　（错）

119．配电开关操作电源宜采用交流电。　　　　　　　　　　　　　　　（错）

120．配电网单相接地故障电容电流超过 10A 且小于 100～150A 的，宜采用中性点经小电阻接地。　　　　　　　　　　　　　　　　　　　　　　　　　　（错）

121．配电网调控人员需按要求对关键节点的电压进行监视，并根据实际情况，采取投、切电容器；通过调整有载调压变压器分接头等措施，确保电压和电流在合格范围内。

　　　　　　　　　　　　　　　　　　　　　　　　　　　　　　　　　（错）

122．配电网一次设备是指直接用于生产和使用电能的电气设备。　　　　（对）

123．配电网运行中，可能发生各种故障和不正常运行状态，对配电网故障进行分类时，主要可以归纳为短路故障和单相接地故障。　　　　　　　　　　　　　（对）

124．配电网中性点接地方式指配电网中性点与大地之间的电气连接方式。　（对）

125．配电自动化改造的二次设备应等一次设备的改造完成并投运后进行。　（错）

126．配电自动化系统的建设主要包括一次设备、配电终端、通信网络等部分，不包括主站系统的建设。　　　　　　　　　　　　　　　　　　　　　　　　　（错）

127．配电自动化系统以配电网生产运维、抢修和配电网调控管理为应用主体，满足规划、运行维护、营销、调控等横向业务协同需求。　　　　　　　　　　　（对）

128．配电自动化系统应满足电力二次系统安全防护等有关规定，遥信应具备安全加密认证功能。　　　　　　　　　　　　　　　　　　　　　　　　　　　（错）

129．配电自动化要求可遥控的间隔须具备电动操作机构，采用电动操作配置时，不应

同时具备手动操作功能。 （错）

130．通常 SF_6 气体绝缘柜的结构采用间隔式，固体绝缘和空气绝缘环网柜的结构采用共箱式。 （错）

131．通过改变系统的运行方式，大范围的对有功潮流进行转移、减小开关两侧的功角差是配电线路合环时减小合环电流的常用方法。 （错）

132．我国 35kV 及以下的系统一般采用中性点直接接地方式。 （错）

133．应在配电网网架结构布局合理、成熟稳定的区域建设配电自动化系统。 （对）

134．中性点不接地系统中发生单相接地故障时，故障相电流增大，电压不为 0。（错）

135．中性点经低电阻接地即配电网中性点经一个 $5\sim10\Omega$ 的电阻与大地相连。 （对）

136．手拉手单环网架，联络开关只能断开，不可合上。 （错）

137．配电自动化的建设必须以互联互供的配电网架作为基础。 （错）

138．线路监测方面对于线路计算公式为线路负载率＝线路最大相电流/额定电流×100%。 （对）

139．分布式电源接入配电网有利于提高配电网的供电可靠性、抗灾性和能源经济性，也有利于潮流方向、电压质量等方面的安全稳定。 （错）

140．高压配电网具有容量大、负荷重、负荷节点少和供电安全性要求高等特点。（错）

141．开关站、配电室、环网单元不宜设置备自投。 （错）

三、问答题

1．隔离开关在运行中出现异常如何处理？

答：隔离开关发热严重时，应使用适当的断路器，利用倒母线或备用断路器倒旁路母线等方式，转移负荷，使其退出运行。

2．开关的动力操动机构根据动力种类的不同可以分为哪几种？

答：电磁操动机构、弹簧操动机构、液压操动机构、气动操动机构、电动机操动机构、永磁操动机构。

3．什么是电操？电操的作用是什么？

答：电操是电动操作机构的简称。电动操作机构的作用是通过控制回路，使电动机带动开关机构，实现开关的遥控分、合闸操作。

4．什么是 TA 零漂？

答：通过 TA 的电流为 0 时，TA 二次侧反映出不为零的二次电流，即为零漂。

5．要配置一套 UPS，已知负载情况如下：服务器 50 台，每台 520VA；交换设备 12 台，每台 450VA；个人电脑 30 台，每台 320VA。各负载功率因数不高于 0.9，请确定 UPS 单机容量。

答：$S＝520×50+450×12+320×30＝26000+5400+9600＝41$（kVA）。

以 0.9 计算负载有功功率，得

$P=41\times0.9=36.9$（kW）。

一般 UPS 输出功率因数为 0.8，所以 UPS 输出功率不低于 $P=36.9\div0.8=46.125$（kVA）。

考虑负载容量一般不高于 UPS 额定容量的 70%~80%，所以 UPS 容量应为 57.5~65.9kVA，可以选 60kVA。

6．计算机中满码值是 2047，某电流遥测量的最大实际值是 600A，现在计算机收到该点计算机码为 500，问该电流实际值约为多少？

答：$I=$（500/2047）$\times600A=146.56$（A）

7．某输电线路的 TA 变比为 600A/5A，TV 变比为 220kV/100V，变送器输出满值对应二次功率为 866W，求该遥测量的满度值？

答：满度值＝（220000/100）$\times$（600/5）$\times866=228.624$（MW）

8．一只 600A/5A 的电流互感器，假如二次电流为 2.5，试求一次电流为多少？

答：$I_1=$（600/5）$\times2.5=300$（A）。

9．现场设备的一次侧电流需要经过哪些转换传输到主站侧？配电自动化对点时，检修人员在现场设备二次侧加 1A 的电流，主站侧设定的遥测变比为 400/5，那么在主站侧看到的实测值为多少？

答：现场分为一次和二次，通过 TA 将一次测的大电流按比例转换为小电流，并将这个值传送到主站，再根据主站侧设置的遥测变比值，乘以一个系数，放大为同设备一次侧相同的电流。

在主站侧看到的实测值为 $1\times$（400/5）$=80$（A）。

10．什么是配电自动化？

答：配电自动化（distribution automation，DA）以一次网架和设备为基础，综合利用计算机、信息及通信等技术，以配电自动化系统为核心，实现对配电系统的监测、控制和快速故障隔离，并通过与相关应用系统的信息集成，实现配电系统的科学管理。

11．什么是配电自动化系统？

答：配电自动化系统（distribution automation system，DAS）是实现配电网运行监视和控制的自动化系统，具备配电数据采集与监视控制系统（supervisory control and data acquisition，SCADA）、馈线自动化、电网分析应用及与相关应用系统互连等功能，主要由配电自动化系统主站、配电自动化系统子站（可选）、配电自动化终端和通信网络等部分组成。

12．配电自动化系统主要由哪几部分构成？

答：配电自动化系统主要由配电主站、配电子站（可选）、配电终端和通信通道组成，通过信息交换总线实现与其他相关应用系统互连，实现数据共享和功能扩展。其中，配电主站是实现数据采集、处理及存储、人机联系和各种应用功能的核心；配电子站是主站和终端连接的中间层设备，一般用于通信汇集，也可根据需要实现区域监控，配电子站通常根据配电自动化系统分层结构的情况而选用；配电终端是安装在一次设备运行现场的自动化终端，根据具体应用对象选择不同的类型，直接采集一次系统的信息并进行处理，接收配电站子站或主站的命令并执行；通信通道是连接配电主站、配电子站和配电终端之间实现信息传输的通信网络。

13．配电自动化建设有哪些要求？

答：配电自动化建设的要求有：

（1）配电自动化建设应以一次网架和设备为基础，运用计算机、信息与通信等技术，实现对配电网的实时监视与运行控制。通过快速故障处理，提高供电可靠性；通过优化运行方式，改善供电质量、提升电网运营效率和效益。

（2）配电自动化建设应纳入配电网整体规划，依据本地区经济发展、配电网网架结构、设备现状、负荷水平以及供电可靠性实际需求进行规划设计，综合进行技术经济比较，合理投资，分区域、分阶段实施，力求功能实用、技术先进、运行可靠。

（3）配电自动化建设应满足相关国际、行业、企业标准及相关技术规范要求。

（4）配电自动化应与配电网建设改造同步规划、同步设计、同步建设、同步投运，遵循"标准化设计，差异化实施"原则，充分利用现有设备资源，因地制宜地做好通信、信息等配电自动化配套建设。

（5）配电自动化系统建设应以配电网调控运行为应用主体，满足规划、运检、营销、调度等横向业务协同需求，提升配电网精益化管理水平。

（6）配电自动化系统应满足电力二次系统安全防护有关规定。

（7）配电自动化系统相关设备与装置应通过国家级或行业级检定机构的技术检测。

14．配电网中性点接地方式有哪几种？

答：配电网中性点接地方式主要有中性点直接接地方式（包括中性点经小电阻接地方式）、中性点非直接接地方式（包括中性点经消弧线圈接地方式等）两种。

15．配电网大接地电流系统和小接地电流系统的划分标准是什么？

答：$X_0/X_1 \leqslant 4 \sim 5$ 的系统属于大接地电流系统，$X_0/X_1 > 4 \sim 5$ 的系统属于小接地电流系统（X_0 为系统零序电抗，X_1 为系统正序电抗）。

16．配电网一级、二级、三级负荷的一般供电要求有哪些？

答：配电网一级、二级、三级负荷的一般供电要求分别为：

（1）一级负荷应由两路电源供电。供同一用户的两路电源不应该是同杆双回路架设，也不能出自同一电源的同一条母线，当其中一路电源中断供电时，另一路电源应该能满足全部负荷的供电需要。一级负荷中的特别重要负荷必须增设自备应急电源，也可以由第三路电源供电作为备用电源。所有装设自备应急电源的用户，供电部门都应该有详细的记录。

（2）二级负荷宜由两路电源供电，当其中一路电源中断供电时，另一路电源应该能满足全部或部分负荷的供电需要。用户也可以增设自备应急电源或其他应急措施。所有装设自备应急电源的用户，供电部门都应该有详细的记录。

（3）三级负荷一般只有一路电源供电，视需要可以自备应急电源。对于所有装设自备应急电源的用户，供电部门都应该有详细的记录。

17．配电网的安全技术要求有哪些？

答：配电网的安全技术要求有：

（1）保证持续供电；

（2）及时发现配电网的非正常运行情况和设备存在的缺陷情况；

（3）迅速隔离故障、最大限度地缩小停电范围，满足灵活供电需要。

18．保证配电网经济运行的技术措施有哪些？

答：在保证持续供电、用户接受合格电能的同时，要求配电网在最经济的状态下运行，这样可以使得配电网的网损最小，不仅可以降低运行成本，还可以提高供电能力。可以从下列几个方面加以考虑：

（1）根据负荷变化情况改变配电网络的供电方式；

（2）根据负荷变化情况改变变压器的运行方式，使之处于经济运行状态；

（3）降低变压器的铁芯损耗，使用节能型的变压器；

（4）结合工程优化供电路径，避免迂回供电。

总之，配电网络的经济运行要在符合实际需要和可能的基础上加以考虑，避免盲目撤换尚可使用的设备。

19．某一路的 TA 变比为 300A/5A，当功率源中的电流源输入变送器的电流为 4A 时，调度端监控系统显示数值为多少这一路遥测才为合格（综合误差＜1.0%）？

答：由综合误差小于 1.0%可知，$300 \times 1.0\% = 3$（A），所以在标准值为 $\pm 3A$ 之内均为合格。又因输入 4A，工程量标准值为 $300/5 \times 4 = 240$（A），$240 + 3 = 243$（A），$240 - 3 = 237$（A），所以监控系统显示电流值大于 237A，小于 243A 均为合格。

20．什么叫做主时钟？

答：主时钟是能同时接收至少两种外部时间基准信号（其中一种应为无线时间基准信号），当其中一个基准信号失效时自动切换到另一个基准信号，并可将有效的基准信号输出、具有内部时间基准（守时）、按照要求的时间准确度向外输出时间同步信号和时间信息的装置。

21．配电网生产抢修指挥平台中的生产指挥部分主要功能有哪些？

答：生产指挥为正常生产提供指导、辅助决策分析，其功能主要有计划停电分析管理、故障预案管理、保电管理、配电网运行风险预警分析、设备在线监测和预警、停电计划优化辅助决策等，还能根据事故的处理过程分成生产抢修分析、生产抢修态势分析、生产抢修指挥等相关信息。

22．什么是配电网生产抢修指挥平台？

答：配电网生产抢修指挥平台是配电网生产抢修指挥中心业务应用的信息化支撑平台，该平台整合配电自动化信息、PMS/GIS 信息、95598 信息、CIS 信息、用电信息采集信息、GPS 信息、视频等信息，以生产和抢修指挥为应用核心，实现生产指挥、故障抢修指挥、日常办公等应用。

23．配电网生产抢修指挥平台和 95598 系统交互内容有哪些？

答：配电网生产抢修指挥平台和 95598 系统交互内容有：

（1）配电网生产抢修指挥平台实时接收 95598 系统配电网系统故障报修工单，反馈抢修过程信息给 95598 系统；

（2）配电网生产抢修指挥平台具备与 95598 系统的接口，提供停电查询服务功能，也可提供停电分析结果发布功能。

24．简述隔离开关、负荷开关与断路器三者的区别。

答：隔离开关是一种没有灭弧装置的控制电器，其主要功能是隔离电源，以保证其他电气设备的安全检修，因此不允许带负荷操作。

负荷开关是具有简单的灭弧装置，且可以带负荷分、合电路的控制电器。能通断一定的负荷电流和过负荷电流，但不能断开短路电流，必须与高压熔断器串联使用，借助熔断器来切除短路电流。

断路器能在负荷情况下接通和断开电路，当系统产生短路故障时，能迅速切断短路电流，还能在保护装置的作用下自动切除短路故障。

25．配电网工程与配电自动化改造项目管理应实现"五同步"，"五同步"分别指什么？

答：同步储备、同步设计、同步施工、同步调试、同步投运。

26．配电自动化建设一次设备查勘时，环网柜需要查勘哪些内容？

答：变电站名称、线路名称、环网柜名称、生产厂家、环网柜型号、投运日期、电动操作机构状况、除湿装置状态、电压互感器和电流互感器的安装空间、DTU 的安装空间、无线信号强度。

27．什么是浮充？

答：浮充是以浮充电压值对蓄电池进行的恒压充电。在正常运行时，充电装置承担经常负荷，同时向蓄电池组补充充电，以补充蓄电池的自放电。

28．什么是均充？

答：均充为补偿蓄电池组在使用过程中产生的电压不均匀现象，使其恢复到规定的范围内而进行的充电。

29．高频开关电源具有哪些特点？

答：高频开关电源具有体积小、质量轻、技术指标先进、少维护、效率高、个别模块故障时不会影响整套装置的运行等特点。

30．直流系统为什么要装设绝缘监察装置？

答：发电厂和变电站的直流系统与继电保护、信号装置、自动装置以及屋内配电装置的端子箱、操作机构等连接，因此直流系统比较复杂，发生接地故障的机会较多，当发生一点接地时，无短路电流流过，熔断器不会熔断，所以可以继续运行。但当另一点接地时即出现直流系统两点接地时，可能引起信号回路、继电保护等不正确动作。为此，直流系统应设绝缘监察装置。

31．配电网"环网式"接线形式有何特点？典型结构有哪些？

答：配电网"环网式"接线分为架空线路"环网式"接线和电缆线路"环网式"接线。特点分别为：

（1）架空线路"环网式"接线形式特点：结构清晰、运行较为灵活、可靠性较高、具有一定的负荷转移功能。正常运行时，每条线路最大负荷一般为该线路允许载流量的1/2，线路投资将比单电源"放射式"接线有所增加。主要适用于电网建设阶段架空线路网络接线模式，具有一定的供电可靠性。

（2）电缆线路"环网式"接线形式特点：结构清晰、接线方式灵活、适应性强、供电可靠性较高，便于配电网分区分片，形成明确的供电分区，并且能满足双电源用户的供电需求。主要适用于城市核心区、繁华地区，负荷密度发展到相对较高水平，而且存在较多双电源用户的区域。

32．简述小电流接地故障选线的含义。

答：小电流接地故障选线是指当小电流接地系统（中性点非有效接地系统）发生单相接地故障时，选出带有接地故障的线路并给出指示信号，又称为小电流接地保护。

33．简述我国配电网（相对输电网而言）的特点。

答：拓扑结构不同、线路参数不同（R 大于 X）、运行方式不同、节点和支路数量众多、停电事故多等。

34．大接地电流系统接地短路时，零序电压的分布有什么特点？

答：故障点的零序电压最高，变压器中性点接地处的零序电压为零。

35．实施配电自动化会产生哪些效益？

答：实施配电自动化产生的效益有：

（1）实现潮流控制，调整负荷，改善负荷曲线；充分利用现有设备潜力；推迟或减少新增设备的投入。

（2）合理及时调整运行方式，降低网损。

（3）在配电网发生故障，进行快速诊断、自动隔离，以减少故障停电范围，恢复非故障段供电，提高供电可靠性。

（4）系统安全性、灵活性提高。

（5）采取快速、准确的电压及无功调节，利用柔性交流配电技术，更合理地进行无功补偿，减少谐波含量，使电能质量得到提高。

（6）用户可以得到按质论价的电力供应。

（7）制度化的计算机处理，提高了服务质量。

（8）达到节能效果。

36．合环和解环操作有何基本要求？

答：合环操作时，必须保证合环点两侧相位相同，操作前应考虑合环点两侧的相角差和电压差，无电压相角差，电压差一般允许在20%以内，确保合环后各环节潮流的变化不超过继电保护、电网稳定和设备容量等方面的限额。对于比较复杂环网的合环操作应事先进行计算或试验。

解环操作时，应先检查解环点的有功、无功潮流，确保解环后电网各部分电压在规定的范围内，各环节的潮流变化不超过继电保护、电网稳定和设备容量等方面的限额。

37. 什么是配电线路、设备故障紧急处理？

答： 配电线路、设备故障紧急处理是指配电线路、设备发生故障被迫紧急停止运行，需短时间恢复供电或排除故障的、连续进行的故障修复工作。

38. 各种类型短路的电压分布规律是什么？

答： 正序电压越靠近电源处数值越高，负序电压、零序电压越靠近短路点越高。

39. 试述提高功率因数的意义和方法。

答： 提高线路的功率因数，一方面可提高供电设备的利用率，另一方面可以减少线路上的功率损耗。其方法有自然补偿法和人工补偿法两种：自然补偿法就是尽量减少感性设备的轻载和空载；人工补偿法就是在感性设备两端并联适当的电容。

40. 引起配电网线路故障的常见原因有哪些？

答： 引起配电网线路故障的常见原因有：

（1）设备运行老化或本身质量、施工工艺不良；

（2）人为因素的外力破坏；

（3）雷雨、台风等恶劣天气；

（4）鸟类筑巢；

（5）高温、高负荷；

（6）灰尘和雨雾引起的闪络。

41. 配电网线路过负荷运行有何影响？应采取什么措施？

答： 配电网线路过负荷运行，有下述不利影响：

（1）超过过流保护允许电流，有可能保护误动；

（2）电流互感器一次最大负荷不得超过 1.2 倍额定电流，否则会使电流互感器铁芯和绕组过热，绝缘老化，甚至烧坏电流互感器；

（3）造成线路烧断、接头发热、弧垂过大。

线路过负荷，调控员可采取以下措施限制负荷：

（1）改变系统运行方式，减少超载线路潮流；

（2）调整有关电厂出力；

（3）在线路受端进行限电或拉电。

42. 哪些紧急情况下可以不按正常停电操作顺序直接拉开主变压器 10kV 断路器对母线及线路停电？

答： 以下紧急情况可不拉停线路直接拉开主变压器 10kV 断路器：

（1）母线或母线隔离开关严重发热，随时可能发展成故障；

（2）母线电压互感器异常，随时可能发展成故障，并无法靠近操作高压隔离开关；

（3）线路需要紧急停电但该线路断路器拉不开时；

（4）10kV 断路器室内有故障且状况不明，人员盲目进入可能造成危险，需停电进入检查；

（5）主变压器需要紧急停役；

（6）电网紧急故障限电。

43．请在相量图上绘制 A 相发生单相接地时的 A、B、C 三相电压、电流关系图。

答： A 相发生单相接地时的 A、B、C 三相电压、电流关系图如图 1-1 所示。

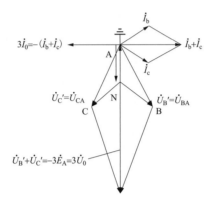

图 1-1 单相接地故障（A 相接地）的电压电流向量图

44．请分别用向量法分析 A 相和 B 相之间发生相间短路时的电压图和电流图。

答： A 相和 B 相之间发生相间短路时的电压图和电流图如图 1-2 和图 1-3 所示。

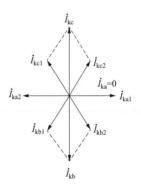

图 1-2 相间短路（AB 相）的电流向量图

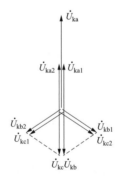

图 1-3 相间短路（AB 相）的电压向量图

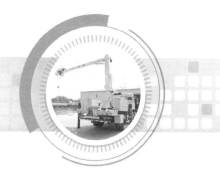

第二章

配 电 主 站

一、选择题

1. （　　）是 DMS 主站系统的基础，必须保证运行的稳定可靠。

A. SCADA　　　　　　　B. DTS　　　　　　　C. DA　　　　　　　D. TOP

答案：A

2. 为保证配电自动化主站系统运行稳定可靠，其主要设备通常采用（　　）配置。

A. 开放技术　　　　　　　　　　　　B. 冗余技术

C. 互操作技术　　　　　　　　　　　D. 同步技术

答案：B

3. 一次设备变更投运当天，确认图实相符后，需要将红图转化为（　　），完成投运。

A. 蓝图　　　　　　B. 黑图　　　　　　C. 黄图　　　　　　D. 绿图

答案：B

4. 下列（　　）不是配电自动化的实用化指标。

A. 终端在线率　　　　　　　　　　　B. 遥控成功率

C. 遥控使用率　　　　　　　　　　　D. 设备利用率

答案：D

5. 负荷开关 A 原来接入配电终端的第一路，线路割接后，负荷开关 A 改为接入配电终端的第二路，需在配电主站中更改负荷开关的（　　），并进行重新对点。

A. 节点号　　　　　　　　　　　　　B. 遥信、遥测、遥控相关点号

C. 编号　　　　　　　　　　　　　　D. 资产编号

答案：B

6. （　　）根据电网模型信息及设备连接关系对图模数据进行静态分析。

A. 模型校验　　　　　　　　　　　　B. 拓扑分析

C. 模型比较　　　　　　　　　　　　D. 拓扑着色

答案：A

7. 平台服务是配电主站开发和运行的基础，采用（　　）的体系架构，为各类应用的开发、运行和管理提供通用的技术支撑。

A. 面向对象　　　　　　　　　　　　B. 面向服务

C. 面向平台　　　　　　　　　　　　D. 面向未来

答案：B

8. 系统主站可以支持多种时钟源，应优先采用（　　）对时。

A. GPS　　　　　　　　　　　　　　B. 规约

C. 北斗　　　　　　　　　　　　　　D. 北京时间

答案：C

9. 配电自动化系统以标准统一的（　　）为基础。

A. 公共信息模型　　　　　　　　　　B. 混合组网通信

C. 可信网络安全　　　　　　　　　　D. 高度集成配电网

答案：A

10. 整个电力二次系统原则上分为两个安全大区（　　）。

A. 实时控制大区、生产管理大区

B. 生产控制大区、管理信息大区

C. 生产控制大区、生产应用大区

D. 实时控制大区、信息管理大区

答案：B

11. 新一代配电主站的管理信息大区的数据库服务器主要完成（　　）。

A. 配电网历史数据存储　　　　　　　B. 配电网模型存储

C. 配电网图形存储　　　　　　　　　D. 配电网操作记录存储

答案：A

12. 配电自动化主站 N+1 建设模式中，其中"1"表示的含义是（　　）。

A. 省级单位建设 1 套配电自动化主站生产控制大区部分

B. 省级单位建设 1 套配电自动化主站管理信息大区部分

C. 省级单位统一建设配电自动化设备接入平台

D. 市县一体化

答案：B

13. 事故追忆功能手动启动可以在 8 天之内的任何时刻作为触发点，保存触发点前
（　　）min 和后（　　）min（用户可调）的运行数据。

A. 30，30　　　　　　　　　　　　　B. 30，60

C. 60，30　　　　　　　　　　　　　D. 60，60

答案：A

14. 配电主站通过（　　）与电网调度控制系统交互。

A. 管理信息大区　　　　　　　　　　B. 生产控制大区

C. 邮件管理平台　　　　　　　　　　D. OMS 系统

答案：B

15. SCADA 拓扑着色功能受（　　）因素影响。

A．遥测
B．遥信
C．挡位
D．设备实际运行状态

答案：B

16．事故追忆的定义是（　　）。

A．将事故发生前和事故发生后有关信息记录下来

B．带有时标的通信量

C．事件顺序记录

D．自动发电控制

答案：A

17．调度使用的 SCADA 通常运行在（　　）下。

A．实时态
B．反演态
C．培训态
D．研究态

答案：A

18．配电网信息交互的内容实质是配电网（　　）、模型和相关数据。

A．报表
B．信息
C．图形
D．无线传输

答案：C

19．配电主站（　　）是实现配电网运行监控、状态管理等各项应用需求的主要载体。

A．硬件平台
B．软件平台
C．支撑平台
D．应用平台

答案：A

20．配电主站系统内部，各类应用之间的所有数据交互均是通过（　　）进行的。

A．人机界面
B．基础平台
C．数据文件
D．HTTP

答案：B

21．配电主站采集和处理的故障录波数据标准格式是（　　）。

A．E 语言
B．G 语言
C．CIM
D．Comtrade

答案：D

22．配电主站除核心主机外的其他设备的单网运行属于（　　）。

A．危急缺陷
B．严重缺陷
C．普通缺陷
D．一般缺陷

答案：D

23．在配电自动化主站传输的信息中，属于下行信息的是（　　）。

A．遥测
B．遥信
C．遥控
D．遥试

答案：C

24．综合告警分析可以根据定义的（　　）进行不同责任区用户的综合告警分析推送显示与分流。

A．区域
B．责任区
C．设备主人
D．权限

答案：B

25. 负荷转供为配电网调控人员调整运方提供辅助决策方案，使因为事故或检修而导致的停电范围（　　）。

　　A. 最大　　　　　　　B. 最小　　　　　　　C. 扩大　　　　　　　D. 恢复

答案：B

26. 配电网图模导入应以（　　）为单位进行导入。

　　A. 馈线/站所　　　　　　　　　　　　B. 变电站

　　C. 台区　　　　　　　　　　　　　　D. 电力公司

答案：A

27. 图模导入过程中对图模进行数据和（　　）校验。

　　A. 图形　　　　　　　B. 拓扑　　　　　　　C. 边界　　　　　　　D. 模型

答案：B

28. 拓扑分析应用功能支持根据（　　）进行动态分析。

　　A. 电网连接关系和设备的运行状态

　　B. 图形连接关系和设备的运行状态

　　C. 图形连接关系和设备的电压等级

　　D. 电网连接关系和设备的电压等级

答案：A

29. 配电网模型遵循（　　）建模标准，并进行合理扩充，形成配电自动化网络模型描述。

　　A. IEC 61968 和 IEC 61970　　　　　　　B. IEC 61968 和 IEC 61850

　　C. IEC 61850 和 IEC 61970　　　　　　　D. 其他

答案：A

30. 模型校验应支持模型与图形设备（　　）校验。

　　A. 一致性　　　　　　B. 多样性　　　　　　C. 通用性　　　　　　D. 统一性

答案：A

31. 关于多态多应用管理，下列描述正确的是（　　）。

　　A. 各态下应用固定，不可配置

　　B. 同一种应用可在不同态下独立运行

　　C. 各态配置模型通用，相互影响

　　D. 多态之间不可相互切换

答案：B

32. 信息交换总线采用（　　）的部署方式。

　　A. 双总线　　　　　　　　　　　　　B. 双/单总线混合

　　C. 单总线　　　　　　　　　　　　　D. 单侧

答案：A

33. 信息交换总线应提供基于主题的消息传输功能，包括请求应答和（　　）两类信息交换模式。

    A．请求应答 　　　　　　　　　　　　B．发布订阅

    C．申请数据 　　　　　　　　　　　　D．存储数据

答案：B

34．所有操作都应有详细记录，支持按（　　　）查询，可供调阅和打印。

    A．馈线 　　　　　B．变电站 　　　　　C．责任区 　　　　　D．开关

答案：C

35．（　　　）能够根据预先定义的规则和实时网络拓扑对将要进行的远方操作进行分析与校验。

    A．数据分析 　　　　　　　　　　　　B．防误闭锁

    C．人工置数 　　　　　　　　　　　　D．拓扑分析

答案：B

36．综合告警分析针对配电主站的（　　　）信息，进行分类管理和综合推理。

    A．量测 　　　　　　　　　　　　　　B．实时告警

    C．历史告警 　　　　　　　　　　　　D．人工置数

答案：B

37．状态量处理支持（　　　）处理，抖动遥信的状态可做标识。

    A．双位遥信 　　　　　B．误遥信 　　　　　C．坏遥信 　　　　　D．检修状态

答案：B

38．应用协同管控要求支持馈线自动化在（　　　）的应用。

    A．生产控制大区 　　　　　　　　　　B．控制区

    C．非控制区 　　　　　　　　　　　　D．管理信息大区

答案：A

39．对收到的录波文件进行事件归集，设备层面的收集规则为隶属于（　　　）的故障指示器才可以归集到一个事件中。

    A．同一馈线 　　　　　　　　　　　　B．同一终端

    C．同一母线 　　　　　　　　　　　　D．同一间隔

答案：C

40．智能告警采集的分区数据用于指标统计分析、高级应用、分流告警，将配电自动化系统中大量告警信息进行整理、归类、推理，并以（　　　）为单位告知用户，实现业务的分流。

    A．通知 　　　　　B．事件 　　　　　C．告警 　　　　　D．信息

答案：B

41．负荷转供根据（　　　）设备分析其影响负荷。

    A．开关 　　　　　B．用户 　　　　　C．线路 　　　　　D．目标

答案：D

42．配电网运行监控（DSCADA）是架构在（　　）基础平台上的配电网调度最核心的具体应用。

A．配电自动化系统　　　　　　　　B．配电自动化主站系统

C．配电自动化　　　　　　　　　　D．配电自动化终端

答案：B

43．大型主站系统在生产控制大区配置上有（　　）台前置服务器，（　　）台应用服务器。

A．1，1　　　　　B．1，2　　　　　C．2，1　　　　　D．2，2

答案：D

44．架构在配电主站系统基础平台上的配电网调度最核心的具体应用是（　　）。

A．数据采集处理　　　　　　　　　B．配电网终端管理

C．配电网运行状态管控　　　　　　D．配电网运行监控系统

答案：D

45．经典配电主站硬件从逻辑上不包括（　　）。

A．前置子系统　　　　　　　　　　B．后台子系统

C．Web 系统　　　　　　　　　　　D．操作系统

答案：D

46．（　　）是配电网调度与现场联系的枢纽。

A．前置子系统　　　　　　　　　　B．后台子系统

C．Web 系统　　　　　　　　　　　D．工作台

答案：A

47．（　　）按照通信通道不同，可分为专网数据采集和公网数据采集。

A．前置子系统　　　　　　　　　　B．后台子系统

C．Web 系统　　　　　　　　　　　D．工作台

答案：A

48．（　　）是配电主站系统中数据处理、承载应用、人机交互的中心。

A．前置子系统　　　　　　　　　　B．后台子系统

C．Web 系统　　　　　　　　　　　D．工作台

答案：B

49．调控值班员对所辖开关进行遥控操作后，通过自动化主站系统检查设备的（　　）的变化，由此确认设备已操作到位。

A．状态指示　　　　B．遥测　　　　C．电气量　　　　D．遥信

答案：ABD

50．配电主站系统是配电自动化 FA 动作准确性的集中体现与展示平台。在保证配电终端和（　　）等运维提升的基础上，配电主站系统也需要提升自身的监测能力、FA 策略分析处理能力、应用支撑运维能力等。

A．一次设备   B．通信网络

C．网架   D．配电子站

答案：ABC

51．以下关于配电自动化主站系统总体架构的说法正确的是（   ）。

A．光纤通信方式配电终端接入管理信息大区，无线通信方式"二遥"配电终端以及其他配电采集装置接入生产控制大区

B．配电运行监控应用部署在生产控制大区，从管理信息大区调取所需实时数据、历史数据及分析结果

C．配电运行状态管控应用部署在管理信息大区，接收从生产控制大区推送的实时数据及分析结果

D．硬件采用物理计算机或虚拟化资源，操作系统采用 Windows、Linux、UNIX 等

答案：BC

52．为实现集中型馈线自动化，可以将（   ）接入配电主站。

A．TTU❶相关信号   B．DTU 相关信号

C．变电站出线开关相关信号   D．FTU 相关信号

答案：BCD

53．配电自动化主站系统整体要求应遵循标准性、可靠性、（   ）原则。

A．可用性   B．安全性   C．扩展性   D．先进性

答案：ABCD

54．以下情况中需要将集中式全自动馈线自动化退运的是（   ）。

A．引起运方改变的线路割接

B．停用重合闸的带电作业

C．单个配电终端通道退出

D．变电站出线间隔保护校验工作

答案：ABD

55．系统判定开关遥信变位与 SOE 不匹配的原因有（   ）。

A．开关遥信变位或 SOE 信息至少有一条记录缺失

B．开关遥信变位时间与 SOE 时间相差 15s 以上

C．开关遥信变位与 SOE 信息不匹配

D．开关遥信变位时间早于 SOE 时间

答案：ABCD

56．下面（   ）会引起配电自动化主站实时态下图形拓扑着色异常。

A．图形红转黑失败   B．负荷开关红图节点号错误

C．配电网开关遥信坏数据   D．负荷开关黑图节点号错误

答案：CD

---

❶ 变压器终端（transformer terminal unit，TTU）。

57. 下面属于配电网专题图的有（　　　）。

A. 单线图
B. 站室图
C. 供电范围图
D. 变电站图

答案：ABC

58. SCADA 作为配电主站系统最基本的应用，它包含了（　　　）等功能。

A. 数据采集
B. 数据处理
C. 数据记录
D. 全息历史/事故反演

答案：ABCD

59. 以下关于网络拓扑分析的说法正确的有（　　　）。

A. 适用于任何形式的配电网络接线方式
B. 分析电网设备的带电状态，按设备的拓扑连接关系和带电状态划分电气岛
C. 不支持人工设置的运行状态
D. 支持实时态、研究态、未来态网络模型的拓扑分析

答案：ABD

60. 配电网供电能力评估可从以下（　　　）方面来考虑评估。

A. 电源点分析
B. 电力传输能力
C. 配电网络结构分析
D. 配电设备

答案：ABCD

61. FTU 联调前主站应完成的工作有（　　　）。

A. 查看 FTU 在配电自动化系统中是否在线
B. 下发总召唤
C. 查看 FTU 时钟是否与系统主站时钟同步
D. 主站需做好遥控开关的设置工作

答案：ACD

62. 配电自动化系统 SCADA 应用的基本功能为数据采集与传输、安全监视、控制与告警、以及（　　　）。

A. 在线潮流分析
B. 制表打印
C. 特殊运算
D. 事故追忆

答案：BCD

63. 影响配电主站拓扑着色的结果的因素是（　　　）。

A. 配电网设备名称
B. 配电网设备实时状态
C. 配电网设备节点号
D. 配电网设备编号

答案：BC

64. 配电主站建设方式有（　　　）。

A. 生产控制大区分散部署、管理信息大区集中部署
B. 生产控制大区、管理信息大区系统均分散部署

C. 生产控制大区、管理信息大区系统均集中部署

D. 生产控制大区集中部署、管理信息大区分散部署

答案：ABC

65. 以下（　　　）事件会产生事件记录。

A. 遥测越限与复归　　　　　　　　　B. 通道中断

C. 调度员发令　　　　　　　　　　　D. 遥控操作

答案：ABD

66. 权限管理的权限控制包括（　　　）。

A. 基于对象的控制　　　　　　　　　B. 基于物理位置的控制

C. 基于角色的控制功能　　　　　　　D. 基于地理位置的控制

答案：ABC

67. 告警类型是告警服务中基本的应用对象，告警类型有（　　　）。

A. 遥信变位　　　　　　　　　　　　B. 遥测越限

C. 网络工况　　　　　　　　　　　　D. 系统资源

答案：ABCD

68. 在配电网前置遥测定义表里面配置死区值，模拟遥测变化，初始值为 10，死区值设置为 5，以下说法正确的是（　　　）。

A. 模拟器上送的值为 20，则遥测值不变化

B. 模拟器上送的值为 15，则遥测值不变化

C. 模拟器上送的值为 12，则遥测值不变化

D. 模拟器上送的值为 5，则遥测值不变化

答案：BCD

69. 配电主站通过管理信息大区与 PMS2.0 系统信息交互的数据，包括（　　　）、地理空间数据等，配电网故障事件、二次设备缺陷等信息。

A. 中压配电网（包括 6～20kV）网络模型

B. 相关电气接线图

C. 异动流程信息及相关一、二次设备参数

D. 开关电气设备位置

答案：ABC

70. 配电主站平台的基本要求（　　　）。

A. 可伸缩　　　　　　　　　　　　　B. 高可靠

C. 组态灵活　　　　　　　　　　　　D. 便捷性

答案：ABC

71. 数据处理是配电网 SCADA 的重要功能模块，为（　　　）提供坚实的数据基础。

A. 数据汇总　　　　　　　　　　　　B. 人机展示

C. 智能反馈　　　　　　　　　　　　D. 应用分析

答案：BD

72. 配电网 SCADA 是配电主站系统的最基本应用，实现（ ）数据采集和监控功能。

A．完整的　　　　　　B．可靠的　　　　　　C．高性能的　　　　D．实时的

答案：ACD

73. 新一代配电主站硬件结构从逻辑上可分为（ ）。

A．采集与前置系统　　　　　　　　　B．运行监控子系统

C．Web 子系统　　　　　　　　　　D．状态管控子系统

答案：ABD

74. 配电运行状态管控应用包括（ ）。

A．配电接地故障分析

B．运行趋势分析

C．配电终端智能化维护管理功能分析

D．供电能力分析

答案：ABCD

75. 下列属于配电自动化系统扩展功能的是（ ）。

A．状态估计　　　　　　　　　　　B．潮流计算

C．合环分析　　　　　　　　　　　D．负荷预测

答案：ABCD

76. 负荷转供功能能够分析不同场景下的影响范围，统计影响（ ）等信息。

A．重要用户　　　　　　　　　　　B．线路开关

C．负荷量　　　　　　　　　　　　D．低压用户

答案：AC

77. 主站下发遥控选择命令，但返校提示有错，其可能的原因是：（ ）。

A．执行超时　　　　　　　　　　　B．对象遥测不对

C．对象遥信不对　　　　　　　　　D．对象就地控制

答案：CD

78. 假如主站下发了遥控命令，但返校错误，其可能原因是（ ）。

A．通道误码问题　　　　　　　　　B．上行通道有问题

C．下行通道有问题　　　　　　　　D．通道中断

答案：AB

79. 故障研判分析故障类型有（ ）。

A．基于配电变压器失电的断线或跳闸故障分析

B．基于普通保护动作信号的疑似故障分析功能

C．基于故障指示器接地翻牌动作的接地故障分析

D．基于零序过流动作的接地故障分析

答案：ABCD

80. 完成遥控分、合操作的步骤有（　　　）。

A．选择　　　　　　　B．性质　　　　　　C．返校　　　　　D．执行

　　　　　　　　　　　　　　　　　　　　　　　　　　　答案：ACD

81. 数据采集与处理的基本功能有（　　　）。

A．工程量转换　　　　　　　　　　B．遥测越限处理

C．遥信变位处理　　　　　　　　　D．人工数据设置

　　　　　　　　　　　　　　　　　　　　　　　　　　答案：ABCD

82. 遥控操作前应先校验对象的（　　　），校验不通过时禁止操作并提示。

A．遥信状态　　　　　　　　　　　B．遥测数据

C．标识牌　　　　　　　　　　　　D．遥控闭锁状态

　　　　　　　　　　　　　　　　　　　　　　　　　　答案：CD

83. 假如主站收到的交流采样量测信息中电压、电流正常，而该路功率与实际一次值相差太大，其原因可能为（　　　）。

A．遥测板与通信控制器之间网络不正常

B．遥测接线板损坏

C．电压、电流相序问题

D．满码值问题

　　　　　　　　　　　　　　　　　　　　　　　　　　答案：CD

84. 模型校验时应支持按照（　　　）方式范围的模型校验。

A．配电变压器　　　　B．馈线　　　　　　C．变电站　　　　D．用户

　　　　　　　　　　　　　　　　　　　　　　　　　　答案：BC

85. 主站系统人机界面应支持的图形有（　　　）。

A．厂站图　　　　　　　　　　　　B．供电范围图

C．单线图　　　　　　　　　　　　D．开关站图

　　　　　　　　　　　　　　　　　　　　　　　　　　答案：ABCD

86. 配电网统一信息模型中心遵循 IEC 61970/61968，从（　　　）三个层构建。

A．业务需求层　　　　　　　　　　B．服务应用层

C．功能实现层　　　　　　　　　　D．信息模型支撑层

　　　　　　　　　　　　　　　　　　　　　　　　　　答案：ACD

二、判断题

1. 配电自动化系统子站（简称配电子站）是配电主站与配电终端之间的中间层，实现所辖范围内的信息汇集、处理、通信监视等功能。　　　　　　　　　　　　（对）

2. 配电自动化系统主站在对断路器进行控制时，利用的是远动系统的遥调功能。（错）

3. 大型配电自动化主站系统与小型主站系统在生产控制大区配置上的差别是大型主站前

置服务器和应用服务器分别冗余配置，小型的配置 1 台前置服务器和 1 台应用服务器。（错）

4．配电自动化主站系统是配电自动化系统的核心部分，主要实现配电网数据采集与监控等基本功能和电网拓扑分析应用等扩展功能，并具有与其他应用信息系统进行信息交互的功能，为配电网调度指挥和生产管理提供技术支撑。 （错）

5．改进系统架构，按照"省地县一体化"构建新一代配电自动化主站系统。 （错）

6．告警服务分为传统流水账式告警和智能辅助决策两类。 （错）

7．后台子系统部署在信息管理大区，是整个配电主站的核心主系统，面向配电网实时运行控制业务。 （错）

8．数据采集不支持采集电量数据。 （错）

9．配电网 SCADA 的数据处理功能是指时间顺序处理，周期采样，变化储存的功能。

（错）

10．图形、台账不一致是指系统内设备变更流程对图形、台账数据控制不够严密，图数一致性依靠系统自动关联铭牌实现，但图形、台账分开维护，一定程度上造成图数的不一致性。 （错）

11．在遵循主站安全分区原则的前提下，实现"三遥"（遥控、遥测、遥信）数据管理信息大区采集应用，满足配电自动化快速覆盖的需要。 （错）

12．PMS2.0 系统中的设备数据是以电网资产模型为主的设备数据和以空间位置信息为主的图形数据。 （对）

13．PMS2.0 系统中配电网模型、图形资源标准统一，可承接主网模型和低压配电网。

（对）

14．配电自动化主站采用开放式设计架构，以"做精智能化调度控制，做强精益化运维检修"为目标。 （对）

15．主站建设模式充分考虑系统维护的便捷性和规范性，做到省公司范围内主站建设"功能应用统一、硬件配置统一、接口方式统一、运维标准统一"。 （对）

16．配电自动化主站系统热备切换时间不大于 20s，冷备切换时间不大于 5min。 （错）

17．遥控对点时不需要确定间隔现场命名是否与开关模型命名相同。 （错）

18．遥控操作出现异常时，核对信息时需等待 1～2min，以避免信息延迟造成误判。

（对）

19．正确维护配电终端信息表中的所属区域，可实现不同区域配电自动化指标查询。

（对）

20．掌握馈线自动化历史记录的查询方法，是提升馈线自动化应用水平的有效手段。

（对）

21．SCADA 服务器单机运行属于配电自动化系统的严重缺陷。 （对）

22．潮流计算功能宜使用在配电网络结构稳定、模型参数完备、量测数据采集较齐全的区域。 （对）

23．前置机主要作用是完成数据采集与数据预处理。 （对）

24．前置机召唤录波文件时，首先召唤目录，无法直接召唤录波文件。　　　（错）

25．配电主站与电网调度控制系统之间实时数据交互，应通过正、反向物理隔离装置安全设备连接，应采用 C 语言格式的数据传输。　　　（错）

26．配电网网络重构支持未来态、研究态下的计算。　　　（错）

27．主站应能对终端上送的历史数据、故障录波、故障事件、终端日志进行存储。（对）

28．人工置数的数据类型包括状态量、模拟量和计算量。　　　（对）

29．当一个控制台正在对设备进行控制操作时，其余的控制台不可对该设备进行操作。　　　（对）

30．系统中设备的 PMS ID 可以不唯一。　　　（错）

31．故障模拟不会对开关实际状态进行操作。　　　（对）

32．配电网应用服务器完成馈线故障处理、电网分析应用、配电网实时调度管理、智能化应用等功能。　　　（对）

33．配电网统一信息模型建设的定位是包含了 PMS 图模一体化完善、PMS2.0 标准图模输出（SVG/CIM）、PMS2.0 与配电自动化集成三方面内容。　　　（对）

34．目前 PMS2.0 设备变更流程在图形和台账维护时分开维护，通过手工关联铭牌来实现图形台账关联，一定程度上会引起图数不一致。　　　（对）

35．计算量的数据质量码由相关计算元素的质量码获得。　　　（对）

36．数据存储只对系统内所有实测数据进行变化存储。　　　（错）

37．主站可对终端设备进行对时，并能对终端对时应答情况进行统计分析。　　　（对）

38．应用下发的控制命令包括对断路器等设备开合状态的控制命令及对变压器挡位的调节命令。　　　（对）

39．配电自动化系统的操作和控制应具有相应的操作权限控制功能。　　　（对）

40．图形界面能够根据数据质量码以相应颜色显示。　　　（对）

41．序列操作，根据预先定义的控制设备序列，按次序执行遥控操作，在执行过程中，如发生执行失败的情况，则继续控制下一个设备。　　　（错）

42．支持在模拟环境下的结合网络拓扑防误进行模拟操作。　　　（对）

43．告警巡查结果无法导出及保存到文件。　　　（错）

44．配电主站系统进行全库恢复，能够依据模型数据备份文件进行模型数据恢复。（错）

45．配电主站系统应支持中低压配电网之间的模型拼接，中低压配电网模型拼接宜以中压母线出线开关为边界。　　　（错）

46．在进行综合告警分析时，针对频繁出现的告警信息，一般取 48h 内重复出现的次数，给出故障发生的可能原因和准确、及时、简练的告警提示。　　　（错）

47．网络拓扑分析适用于任何形式的配电网络接线方式。　　　（对）

48．配电网运行趋势分析利用配电自动化数据，对配电网运行进行趋势分析，实现实时预警。　　　（错）

49．操作系统、数据库管理员及用户口令满足强口令复杂度要求，账号权限应满足最

小化配置原则。　　　　　　　　　　　　　　　　　　　　　　　　　（对）

50．配电自动化主站系统，通过任务工作台的滚动告警窗展现系统研判跳闸故障的结果，但告警窗内容只可固定展示 10 条最近告警内容，不可滚动展示事件。　　　（错）

51．角色管理提供业务角色的新建功能、编辑功能、删除功能等。　　　　　（对）

52．配电变压器异常统计信息包括配电变压器名称、所属变电站、所属线路、所属区域、异常天数、重载累计时间、过载累计时间、空载累计时间、轻载累计时间。　　　（对）

53．前置子系统是配电主站系统中实时数据输入、输出的中心。　　　　　　（对）

54．配电网监控功能应提供丰富、友好的人机界面，供配电网运行、运维人员对配电线路进行监视、控制和管理。　　　　　　　　　　　　　　　　　　　　　　（对）

55．主站系统应当具备提供配电终端蓄电池在线监控应用，实现对蓄电池的实时监控管理。　　　　　　　　　　　　　　　　　　　　　　　　　　　　　　　　　（对）

56．通过运行状态估计程序能够提高数据精度，过滤掉频繁变化的数据。　　（错）

57．单个设备仅允许设置一个标识牌。　　　　　　　　　　　　　　　　　（错）

58．所有的抑制、解除和解、闭锁操作都会写入历史数据库进行存档记录。　（对）

59．多态多应用管理属于配电自动化主站系统的平台服务。　　　　　　　　（对）

60．通过系统管理工具，可以实现系统应用主、备机的切换。　　　　　　　（对）

61．拓扑着色只支持实时态网络模型的拓扑分析，研究态与未来态网络模型的拓扑分析结果取自实时态。　　　　　　　　　　　　　　　　　　　　　　　　　　　（错）

62．主站与终端时间不一致对遥控无影响。　　　　　　　　　　　　　　　（错）

63．负荷转供功能能够调用遥控操作模块，实现转供方案的人工确认执行。　（对）

64．设备异动管理时多态模型的切换，分析研究操作对应未来态模型。　　　（错）

65．主站应支持外部系统信息导入建模。　　　　　　　　　　　　　　　　（对）

66．主站不支持冗余数据检查与处理。　　　　　　　　　　　　　　　　　（错）

67．设备异动管理时支持多态模型的分区维护统一管理。　　　　　　　　　（对）

68．主站应满足调试库中的图形、模型及其他数据在调试完毕后，能够以增量方式同步到运行数据库中。　　　　　　　　　　　　　　　　　　　　　　　　　　（对）

69．网络建模支持实时态、研究态和未来态模型统一建模和共享。　　　　　（对）

70．红黑图退回功能无需同步删除红图。　　　　　　　　　　　　　　　　（错）

71．主站支持红图上增、删、改的设备用不同的颜色表示。　　　　　　　　（对）

72．图模导入是对系统数据库进行设备模型增量操作，完成模型导入。　　　（对）

73．遥信状态与实际相反可以通过在主站端改变极性来解决。　　　　　　　（对）

74．事件顺序记录（sequence of event，SOE）比遥信变位传送的优先级更高。　（错）

75．电网模型信息是电网模型、图形、通信索引表等信息的统称，CIM/E 是电网模型的标准格式，CIM/G 和 SVG 是图形的标准格式，通信索引表是扩展的 CIM/E 格式。（对）

76．为了实现应用软件接口标准化，IEC 第 57 技术委员会 13 工作组推出了应用软件系统接口的系列标准 IEC 61970，其核心内容有公用信息模型（CIM）、组件接口规范（CIS）、

图形交换方案草案（SVG）。 （对）

77. 配电自动化主站主流操作系统采用 Windows 操作系统。 （错）

78. 配电主站主要由计算机硬件、操作系统、支撑平台软件和配电网应用软件组成。其中，配电网应用软件包括系统信息交换总线和基础服务。 （错）

79. 告警动作是告警服务中最基本的要素，是指一些最具体的告警表现，例如语音报警、推画面报警、打印报警、中文短消息报警、需人工确认报警、上告警窗、登录告警库等。 （对）

80. 专题图不支持 SVG 图形生成和导出。 （错）

81. 配电网经济运行分析支持电压无功协调控制。 （对）

82. 配电网培训功能可模拟真实环境下的电网控制环境。 （对）

83. 配电终端管理功能可以对配电终端历史数据进行查询与处理。 （对）

84. 配电自动化运行分析不仅支持主站在线率统计分析，还支持终端台账信息统计分析。 （对）

85. 黑图反应了配电网未来的网络结构和运行状态。 （错）

86. 配电自动化主站按照系统层次可分为硬件层、操作系统层、平台层和应用层。（对）

87. 配电自动化主站前置实时数据界面中遥测遥信名称不能显示，需要将通信厂站表该厂站遥测遥信最大数目缩小。 （错）

88. 历史信息查询功能只支持按照故障发生时间进行查询。 （错）

89. 事故反演支持全自动反演以及单步反演操作，方便用户使用。 （对）

90. 负荷转供功能只能分析实时断面。 （错）

91. 图模导入是通过临时表和系统数据库中的设备表进行增、删、改比较。 （对）

92. 中低压配电网之间的模型拼接，宜以配电变压器为边界。 （对）

93. 分区接入的终端运行工况、配置参数等可跨区延时同步。 （错）

94. 在生产控制大区调阅的历史曲线，与在管理信息大区调阅历史曲线有差别，生产控制大区数据更准确。 （错）

95. 图形编辑器不可以自动生成厂站接线图。 （错）

96. 拓扑着色只能按照电压等级着色。 （错）

97. 在配电主站监视该配电终端误信号在二次回路短接之后 10 天内是否有继续发生遥信误报。 （错）

三、问答题

1. 什么是配电网自愈？

答：在馈线自动化的基础上，结合配电网状态估计和潮流计算以及预警分析的结果，自动诊断配电网当前所处的运行状态并进行控制策略决策，运用馈线自动化手段，实现对配电网一、二次设备的自动控制，消除配电网运行隐患，缩短故障处理周期，提高运行安全裕度，促使配电网转向更好的运行状态。

2．配电自动化系统中拓扑分析有什么作用？包括哪些功能？

答：根据电网连接关系和设备的运行状态进行动态分析，分析结果可以应用于配电监控、安全约束等，也可针对复杂的配电网络模型形成状态估计、潮流计算使用的计算模型。主要包括配电网的电气岛带电拓扑着色、电网运行状态及人工干预拓扑着色、拓扑应用分析着色。

3．为了防止测试现场开关误动作，在主站侧需采取哪些防护措施？

答：具体措施包括：

（1）提前推演系统进行故障处理的过程及结果，对可能动作的开关接入测试仪或者在主站设置闭锁；

（2）测试线路中，除接入测试仪的开关外，其他所有开关必须通过主站进行闭锁设置，不允许主站进行遥控；

（3）与测试线路有电气连接的所有线路开关进行闭锁设置，不允许主站对其进行遥控操作；

（4）配合现场的测试，进行数据核对，并记录测试结果。

4．简述信息源端维护原则。

答：信息源端维护原则包括：保证信息的唯一性和准确性，以配电 PMS 系统中配电设备异动为源端，通过图模校验、红黑图流程，确保配电 PMS 系统、配电主站系统中配电设备的一一对应正确。各单位应每半年开展一次配电自动化系统信息正确性评估工作，确保配电自动化系统、配电相关系统（PMS、GIS 等）与现场实际网络接线、调度命名、设备编号的一致性，确保监测点配置的正确性。

5．配电自动化主站系统权限管理有哪些要求？

答：权限管理能根据不同的工作职能和工作性质赋予人员不同的权限和权限有效期，具体要求包括但不限于：

（1）层次权限管理，系统的权限定义应采用层次管理的方式，具有角色、用户和组三种基本权限主体；

（2）区域配置，权限配置可与配电网区域相关，不同区域的用户可赋予不同的权限；

（3）权限绑定，权限配置可与工作站节点相关，不同工作站节点可赋予不同的权限；

（4）权限配置，权限配置可与岗位职责相关，不同岗位用户可赋予不同的操作权限。

6．请解释配电地理信息系统的定义。

答：配电地理系统是以站内自动化、馈线自动化、负荷信息管理、用户抄表与自动计费等四个子系统的地理信息管理为目标，并将相关的 MIS 管理信息系统和实时信息管理融合起来，实现图形和属性的双重管理功能。

7．解释配电网负荷预报的含义。

答：配电网负荷预报分为地区负荷预报和母线负荷预报。地区负荷预报是指配电网一日至一周逐小时的总负荷或某一区的负荷预报，主要用于购电计划与供电计划。母线负荷预报是指配电网某一区域各负荷点（母线）的负荷预报，主要用于状态估计或潮流计算。

8．简述配电 SCADA 系统的概念。

答：配电监控系统即配电数据采集与监视控制系统，又称 SCADA 系统。它可以实时采集现场数据，对现场进行本地或远程的自动控制，对配电网供电过程进行全面、实时的监视，并为生产、调度和管理提供必要的数据。

9．简述在断路器、隔离开关位置信号中，采用单位置遥信、双位置遥信的优缺点。

答：单位置遥信信息量少，采集、处理和使用简单，但是无法判断该遥信触点状态正常与否，可信度相对较低。

双位置遥信采集信息量比单位置遥信多 1 倍，利用两个状态的组合表示遥信状态，可以发现 1 个遥信触点故障，起到遥信触点监视的作用，可信度相对较高，但是信息的采集、处理较复杂。

10．状态估计不收敛常见的原因有哪些？

答：状态估计不收敛常见的原因涉及参数、量测、程序状态错误等方面，比如：

（1）模型没有及时更新；

（2）不合理的电磁环网；

（3）参数偏离正常值太大；

（4）变压器设备电压等级和额定电压不匹配；

（5）自动伪量测信息太多；

（6）重要厂站全部量测值不刷新等。

11．配电自动化主站系统遥测封锁和遥测置数有什么区别？

答：遥测封锁可以输入封锁值和备注，封锁值置入后系统将以人工封锁的状态为准，实时数据不再刷新该值，解除封锁后才可继续刷新。遥测置数可以将当前设备的遥测值设为输入值，当有变化数据或全数据上送后，置数状态及所置数据即被刷新。

12．配电自动化主站主要由哪些部分组成？

答：配电自动化主站主要由计算机硬件、操作系统、支撑平台软件和配电网应用软件组成。其中支撑平台包括系统数据总线和平台的多项基本服务，配电网应用软件包括配电 SCADA 等基本功能以及电网分析应用、智能化应用等扩展功能，支持通过信息交互总线实现与其他相关系统的信息交互。

13．配电 SCADA 的基本监控对象有哪些？

答：配电 SCADA 的基本监控对象有：

（1）为配电网供电的 110kV 变电站中的 10kV 出线开关；

（2）10kV 线路柱上开关、开关站、配电室。

14．配电自动化主站系统的故障处理功能有哪些安全约束条件？

答：配电自动化主站系统故障处理功能的完全约束条件有：

（1）可自动设计非故障区段的恢复供电方案，避免恢复过程导致其他线路、主变压器等设备过负荷；

（2）可灵活设置故障处理闭锁条件，避免保护调试、设备检修等人为操作的影响；

（3）故障处理过程中应具备必要的安全闭锁措施（如通信故障闭锁、设备状态异常闭锁等），保证故障处理过程不受其他操作干扰；

（4）支持恢复方案人工干预与优化调整。

15．简述配电自动化有哪些高级应用软件？

答：配电自动化高级应用软件是以配电系统网络分析为核心形成的应用软件，其基本部分有网络接线分析、潮流计算、状态估计、负荷预报、短路电流计算、电压/无功优化等。

16．配电网物理模型中建模要素需要描述哪些？

答：参考 IEC 61970/61980 标准，配电网建模主要包括容器类对象、设备类对象的建模，模型应用明确描述设备与容器的层级关系和电气设备与电气设备间的拓扑关系，对象类型及其对象属性可按照配电网应用需求进行扩充，其中设备电压、电流、有功、无功、容量类属性的量纲分别为 kV，A，MW，Mvar，MVA。

17．配电网物理模型中容器描述了什么？

答：容器描述了一种组织和命名电气设备的方法，比如变电站、馈线、配电站房都是容器类型；在配电网模型中，主要容器为馈线、配电站房。对于站外设备，其所属容器为馈线；对于站内设备，该设备所属一级容器为馈线，二级容器则为配电站房，主要通过所属馈线、所属站房两个属性字段进行描述。

18．配电网物理模型中拓扑关系描述了什么？

答：拓扑关系描述了电气设备模型的拓扑连接关系，定义了物理连接节点号属性（I_node、J_node、K_node 等），根据其对外连接特性，导电设备可能有相应数目的端子，设备就包含同样数量的物理连接节点号属性，如双端设备断路器包含（I_node、J_node）两个物理连接点号属性，连接在同一连接点的导电设备，其相应的连接端子属性值相同。

19．简单列举配电自动化主站 SCADA 的功能。

答：配电自动化主站的 SCADA 功能主要有数据通信传输功能、数据处理功能、事件与事故处理及报警功能、人机会话功能、遥控遥调功能、报表处理功能、图形编辑功能以及数据库查询和编辑功能。

20．配电主站的主要服务器有哪些？

答：配电主站的主要服务器包括前置数据采集服务器、SCADA 服务器、历史数据服务器、事项服务器、分析服务器、支撑平台服务器、通信接口服务器、Web 服务器等。

21．配电主站的核心软件模块包括哪些？

答：服务器端的功能模块是配电主站的核心软件模块，主要包括数据处理系统、公式编译及管理系统、告警处理系统、数据采样系统。

22．电力调度数字证书分为哪几种？

答：电力调度数字证书分为设备证书、人员证书、程序证书。

23．配电网转供线路的选择有什么要求？

答：配电网线路由其他线路转供时，如存在多种转供路径，应优先采用转供线路线况好、合环潮流小.便于运行操作、供电可靠性高的方式，方式调整时应注意继电保护的适应性。

24．什么是网络拓扑分析？

答：电网的拓扑结构描述电网中各电气元件的图形连接关系。电网是由若干个带电的电气岛组成的，每个电气岛又由许多母线及母线间相连的电气元件组成。每个母线又由若干个母线元素通过断路器、隔离开关相连而成。网络拓扑分析是根据电网中各断路器、隔离开关的遥信状态，通过一定的搜索算法，将各母线元素连成某个母线，并将母线与相连的各电气元件组成电气岛，进行网络接线辨识与分析，生成电网分析用的母线和网络模型。

25．潮流计算的目的是什么？

答：潮流计算的目的有：

（1）在电网规划阶段，通过潮流计算，合理规划电源容量及接入点，合理规划网架，选择无功补偿方案，满足规划水平年的大、小方式下潮流交换控制、调峰、调相、调压的要求。

（2）在编制年运行方式时，在预计负荷增长及新设备投运基础上，选择典型方式进行潮流计算，发现电网中薄弱环节，供调度员日常调度控制参考，并对规划、基建部门提出改进网架结构，加快基建进度的建议。

（3）正常检修及特殊运行方式下的潮流计算，用于日运行方式的编制，指导发电厂开机方式，有功、无功调整方案及负荷调整方案，满足线路、变压器热稳定要求及电压质量要求。

（4）预想事故、设备退出运行对静态安全的影响分析及作出预想的运行方式调整方案。

26．什么是网损计算？

答：网损计算是对电网损耗进行在线计算和统计。它可以分电压等级、分区进行，为调整运行方式、改善电网结构和运行的经济性提供相关信息。

27．试分析自动化主站系统终端通道退出的故障原因和诊断方法。

答：通道退出的故障原因有：

（1）终端服务器故障；

（2）终端服务器与前置交换机连接网线中断；

（3）规约进程异常。

其诊断方法为：

（1）检查退出厂站所连接终端服务器状态是否运行正常；

（2）前置交换机 ping 终端服务器是否正常；

（3）检查规约进程是否运行正常。

28．简述生产控制大区中前置服务器、数据库服务器、SCADA/应用服务器、图模调试服务器、信息交换总线服务器、内网安全监控服务器以及工作站等硬件节点的功能。

答：各硬件节点的功能如下：

前置服务器：完成配电数据采集与监控数据采集、系统时钟和对时的功能。

数据库服务器：配电网模型存储。

SCADA/应用服务器：完成配电数据采集与监控数据处理、操作与控制、事故反演、多态多应用、图形模型管理、权限管理、告警服务、报表管理、系统运行管理、终端运行工况监视等功能。

图模调试服务器：完成配电终端调试接入，提供未来态到实时态的转换功能。

信息交换总线服务器：完成Ⅰ/Ⅱ生产控制大区数据与信息交互等功能。

内网安全监视服务器：完成内网系统安全状态的实时监视等功能。

工作站：包括配调工作站、维护工作站、安全监视工作站等。

29．请用示意图简要描述配电自动化系统中图模数数据流关系。

答：如图 2-1 所示，配电主站基于调配一体化网络模型构建全电网分析功能，基础图模数中主网部分来自于电网调度控制系统（EMS），中低压图模数来自于 PMS2.0 系统，两部分信息在生产控制大区通过图模导入工具进入处理。图模校验通过后先导入到调试模型库，当调度员进行图模确认操作时，图模数信息经调试模型库同步到数据库服务器中，再由数据库服务器向管理信息大区数据库服务器同步，最后存放在云平台中；图模校验不合格的数据将反馈给对应的外部系统，经修正后重新导入。

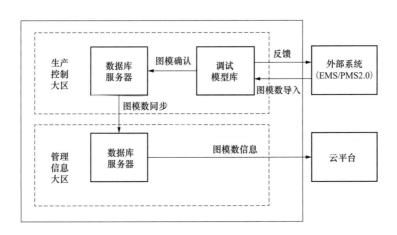

图 2-1　配电自动化系统图模数据流示意图

30．请用示意图简要描述配电自动化系统中各应用功能数据流关系。

答：如图 2-2 所示，两个大区之间的应用数据经协同管控模块的中转，实现各类应用数据的按需交换。生产控制大区的数据可分为数据采集与监控类、故障处理类、分析应用类和历史数据应用类；管理信息大区的数据可分为数据采集与监测类、配电网运维管理类、接地故障分析类、分析应用类、历史数据应用类和历史数据信息。

31．对某线路进行整线负荷转供操作，未能分析出转供方案，简述可能的原因（提供至少 4 种）。

答：可能的原因有主站模型拓扑错误、线路没有联络关系、主站负荷转供模块功能异常、转入线路处于检修状态、转入线路停电、转入线路处于保电状态、联络开关处于不可操作状态、线路终端通信状态不可信。

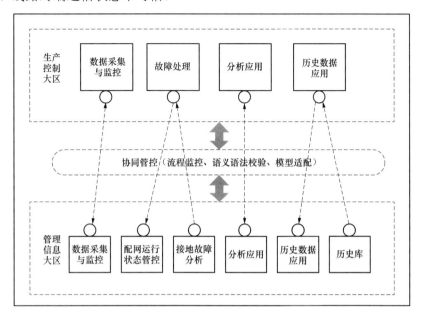

图 2-2　配电自动化系统各应用功能数据流关系示意图

32．根据调度运行的需要，若要对各类数据进行统计并提供统计结果，常用的统计功能有哪些？

答：数值统计、极值统计、次数统计、合格率统计、负载率统计、停电设备统计、系统运行工况统计、系统运行指标统计。

33．电源点追踪着色功能指的是什么？

答：根据线路拓扑，展示设备的当前供电电源及路径。

34．简述多态多应用管理机制功能。

答：多态多应用管理机制保证了配电网模型和应用功能对多场景的应用需求，具体功能如下：

（1）系统具备实时态、研究态、未来态等应用场景，各态独立配置模型，互不影响。

（2）各态下可灵活配置相关应用，同一种应用可在不同态下独立运行。

（3）多态之间可相互切换。

35．简述负荷转供方案执行前需要进行再次校验的内容。

答：供电能力的正确性校验、运行方式正确性校验、供电线路安全性校验、图模异动校验。

36．负荷转供功能的数据来源于哪些系统？

答：计划停电系统、营销系统、电采集系统、配电主站系统、调度自动化系统。

37．简述拓扑分析应用的数据来源。

答：拓扑分析应用的数据来源来自于配电主站的模型数据、遥信/遥测数据、标识牌数据、负荷转供分析数据、故障处理分析数据。

38．简述拓扑着色的功能。

答：根据主网设备带电情况和配电网开关分合情况，展示设备是否带电情况。

39．简述完整的异动工作流程。

答：异动流程按照工作流程上可以分为绘图、审核测试、红转黑三部分。绘图是由绘图员在新画或在原有图纸修改线路接线；审核测试是指对图纸的接线方式进行核实，对网络拓扑进行测试以保证正确性，并完成终端调试；红转黑是指将红图投运成为黑图。最后将成功/失败信息反馈给外部系统，完成整个工作流程的闭环。

40．简述应用协同管控主要包含的要求。

答：应用协同管控主要包含的要求包括：

（1）应支持终端分区接入、维护，共享终端运行工况、配置参数、维护记录等信息。

（2）应支持馈线自动化在生产控制大区的应用，支持基于录波的接地故障定位在管理信息大区的应用，以及多重故障跨区协同处理和展示。

（3）应支持两个大区之间的应用数据经协同管控模块的中转，实现各类应用数据的按需交换。

41．模拟量的处理流程是什么？

答：（1）工程量单位转换；

（2）零漂处理；

（3）有效数据判断；

（4）越限判断和告警、日数据统计。

42．配电自动化系统主站的基本功能和扩展功能有哪些？

答：（1）基本功能：配电 SCADA，模型/图形管理，馈线自动化，拓扑分析（拓扑着色、负荷转供、停电分析等），与调度自动化系统、GIS、PMS 等系统交互应用。

（2）扩展功能：自动成图、操作票、状态估计、潮流计算、解合环分析、负荷预测、网络重构、安全运行分析、自愈控制、分布式电源接入与控制、经济优化运行等配电网分析应用以及仿真培训功能。

43．分析云平台相较普通系统平台的优势。

答：（1）云平台具有高性能大数据处理能力，比如云平台利用资源虚拟化、分布式计算、分布式存储技术。可提供高性能的计算服务及海量数据存储服务，为配电业务的海量数据融合、大数据分析等需求提供有效支持。

（2）云平台具有资源优化配置的能力，比如云平台具备动态资源划分、按需申请等。

（3）云平台具有系统高可靠性。云平台通过计算虚拟化的资源隔离功能，为不同的应用按需分配资源，避免相互影响；动态迁移快速恢复故障，支撑业务的高可用性；存储虚拟化技术实现数据多副本冗余存储保证数据可靠性。

44．简述模型校验时单条馈线拓扑校验和区域电网拓扑校验的内容。

答：单条馈线拓扑校验支持孤立设备、母线直连、电压等级以及设备参数完整性等方面的校验；区域电网拓扑校验支持区域配电网拓扑电气岛分析、变电站静态供电区域分析、变电站间静态馈线联络分析、联络统计等方面的检验功能。

45．阐述在配电自动化系统主站中，配电运行状态管控应用的基本功能。

答：配电数据采集与处理、配电接地故障分析、配电网运行趋势分析、数据质量管控、配电终端管理、配电自动化缺陷分析、设备（环境）状态监测、配电网供电能力分析评估、信息共享与发布。

46．简述全网模型拼接时数据来源以及模型拼接设备边界。

答：全网模型拼接时数据来源和模型拼接设备边界如下：

数据来源：模型拼接时从电网 GIS 平台导入中压配电网模型，从电网调度控制系统导入上级电网模型，并实现主配电网的模型拼接。

设备边界：主配电网间模型拼接以中压母线出线开关为边界、多条馈线间模型拼接以联络开关为边界、中低压配电网模型拼接宜以配电变压器为边界。

47．列举事故信息表中可以记录的数据。

答：记录设备状态变化、测量值越限、计算值越限、测量值突变、人工启动 PDR。

48．设备新投异动在红图下完成终端调试后进行了红图投运操作，红转黑之后黑图下的新投设备无法监测到终端采集数据，请分析具体原因。

答：设备红转黑以后，设备及其对应的采集终端均处于未投运的状态，此时需在黑图应用下，选择未投运的设备，进行投运操作才能在黑图下监测终端数据。

49．什么是红转黑？

答：红转黑功能是将相关馈线的红图进行投运操作，其实质就是将未来模型转化为现实模型，包含相关表域的转换。

50．什么是环网图？

答：电力系统中环网图是全网图中的一个区域图，具有双电源切换功能。

51．事故分闸和遥控分闸有什么区别？事故分闸时主站会接收到什么信号？

答：事故分闸是由线路故障导致的分闸，遥控分闸是由主站遥控产生的。事故分闸时主站会接收到终端发送的保护信号。

52．数据采集功能包括哪几类数据采集？

答：稳态数据采集、暂态数据采集、电能量数据采集。

53．数据采集流程分为哪几步？

答：数据采集流程分为：

（1）终端采集信号经由加密程序形成密文，通过光纤、无线网络通道，由解密程序翻译成明文；

（2）数据流生成的明文，按照 IEC 101/104 规约标准，完成解码，形成生数据；

（3）生成的生数据，通过多源判断处理程序进行多源判断，数据处理解析的熟数据一部分存入实时库中，一部分为 DSCADA 使用。

54．拓扑防误闭锁应包含哪些功能？

答：应包含的功能有：

（1）断路器防误；

（2）开关防误；

（3）接地开关防误；

（4）挂牌的防误闭锁功能；

（5）遥信变位引起的拓扑防误异常处理；

（6）其他防误要求。

55．综合告警分析功能包括哪些？

答：综合告警分析功能如下：

（1）进行告警信息分类，主要包括电力系统运行异常告警，如事故跳闸、接地故障等；网络分析预警，如合环运行、失去转代路径；二次设备异常告警，如设备抖动异常提示、终端异常告警、相关保护信号动作未复归、节点离线。

（2）自定义配电网事件等级。

（3）对频繁出现的告警信息（如断路器位置抖动、保护信号动作复归等），提供时间周期内重复出现的次数，并给出故障发生的可能原因。

（4）设置责任区和数据分类，并以此对相应的数据信息进行分类采集、处理和分流。

（5）根据责任区、开关站、馈线、设备等进行异常告警事件巡查。

56．综合告警分析与主站的实时告警有什么不同？

答：综合告警分析能够针对配电主站的实时告警信息，进行分类管理和综合推理，能够支持汇集和处理各类告警信息，可实现由同一原因引起的多个告警信息进行合并，并利用形象直观的方式提供全面综合的告警结论。

57．某调度员在对断路器进行操作时，系统提示"下游存在接地设备"，试分析其原因。

答：（1）自动化系统通过拓扑搜索到末端有接地隔离开关处于合位。

（2）此断路器设备挂有"接地牌"。

58．综合智能告警接地事故可合并的告警信息包括哪些？

答：综合智能告警接地事故可合并的告警信息包括断路器选线结果、FA 接地分析告警、故障指示器录波分析告警、配电网零序过流告警等。

59．当反演历史事故时，分析其数据来源和数据流向。

答：当选择并启动某个事故反演案例时，事故反演服务从文件服务器把历史图形、模型下装，并获取该事故发生时刻的断面数据和消息文件。当开始事故反演后，由消息模拟器解析保存下来的前置消息并发送到反演态。经过反演态下送配电网 SCADA 处理后发送消息到反演态下的告警窗与图形界面，便可查看历史时刻的告警及状态量、模拟量的情况。

60．PMS 提供的单线图在进行图模导入时未能成功进行主、配电网拓扑拼接，导致拓扑分析时搜索不到电源点，请分析具体原因。

答：图模导入是从电网 GIS 平台导入中压配电网模型，从电网调度控制系统导入上级电网模型，从而实现主配电网的模型拼接。在进行 PMS 单线图导入时需先确保主网变电站模型已经导入配电自动化系统。

61．在进行红图审核时发现图形上设备均为关联模型，请分析具体原因。

答：红图使用的模型为主站红图应用下的模型，通常红图审核时图形中没有模型是由于红图模型异常导致。

62．分析图形浏览的基本流程。

答：图形浏览的基本流程为：

（1）根据请求的画面图形名称加载画面中图元、着色配置、动态显示风格的 CIM/G 的定义文件；

（2）判断本地是否缓存最新版本的 CIM/G 画面图形文件，如果没有缓存，则从文件服务器主机下载画面图形文件；

（3）CIM/G 解析器负责解析获取到的画面图形文件，取出其中的图形描述、图元关键字等信息；

（4）通过画面刷新服务获取变化数据返回给图形浏览器，由图形浏览器负责绘制画面。

63．两条线路成环，线路间联络开关状态为合闸，拓扑着色显示为合环色，将联络开关分闸后，联络开关对侧设备拓扑着色颜色未变化，可能的原因包括哪些？（至少两种）

答：（1）联络开关对侧线路与其他线路存在合环；

（2）两条线路间仍有其他联络开关未分闸；

（3）两条线路中有设备拓扑信息跨越了联络开关，图形拓扑存在异常；

（4）系统拓扑着色复用，对侧拓扑着色使用了与合环色相同的颜色。

64．状态估计的主要功能包括哪些？

答：（1）根据测量的精度（加权）和基尔霍夫定律（网络方程）按最佳估计准则，一般采用最小二乘准则，对生数据进行计算，得到最接近于系统真实状态的最佳估计值。

（2）对生数据进行不良数据的检测与辨识，删除或改正不良数据，提高数据系统的可靠性。

（3）推算出完整而精确的各种电气量。如根据现有类型的量测量推算出另一些伪量测的电气量，例如根据有功功率量测值推算各节点电压的相角。

（4）根据遥测量估计电网的实际开关状态，纠正偶然出现的错误的开关状态遥信量以保证数据库中接线方式的正确性。

65．简述配电网网络重构的目标。

答：配电网网络重构的目标是在满足安全约束的前提下，通过开关操作等方法改变配电线路的运行方式，消除支路过载和电压越限，平衡馈线负荷，降低线损。

第三章

配 电 终 端

一、选择题

1. 与配电终端配套时，建议 ONU 的供电电压等级为（　　）。

A．AC 220V　　　　　　　　　　　　B．DC 48V

C．DC 24V　　　　　　　　　　　　D．以上都不对

答案：C

2. 一、二次融合环网柜配套 DTU 中配电线损采集模块的有功电能计量准确度要求为
（　　）等级。

A．0.5　　　　　B．0.5S　　　　　C．1　　　　　D．2

答案：B

3. 一、二次融合环网柜配套 DTU 中配电线损采集模块的无功电能计量准确度要求为
（　　）等级。

A．0.5　　　　　B．0.5S　　　　　C．1　　　　　D．2

答案：D

4. 一、二次融合环网柜配套 DTU 中的配电线损采集模块采用（　　）通信方式与
DTU 通信。

A．232/485　　　　　　　　　　　　B．无线 Wi-Fi

C．以太网　　　　　　　　　　　　D．422

答案：A

5. 重要用户、故障频发以及运行年限较长的分支线可配置（　　）终端。

A．"二遥"基本型　　　　　　　　　　B．"二遥"动作型

C．"二遥"标准型　　　　　　　　　　D．"三遥"

答案：B

6. 主干线联络开关、分段开关、进出线较多的开关站、环网单元和配电室宜采用
"（　　）"终端。

A．一遥　　　　B．二遥　　　　C．三遥　　　　D．四遥

答案：C

7. 录波应包括故障发生时刻前不少于（　　）个周波和故障发生时刻后不少于（　　）

个周波的波形数据。

  A．2；4　　　　　　　B．4；4　　　　　　　C．4；8　　　　　　　D．8；4

答案：C

  8. 配电自动化终端具备故障录波功能，支持录波数据循环存储至少（　　）组，支持录波数据上传至主站。

  A．32　　　　　　　B．48　　　　　　　C．64　　　　　　　D．84

答案：C

  9. 配电线路故障指示器入网专业检测项目及检测要求中，进行通信试验时汇集单元可以通过（　　）的通信方式与配电主站通信，并能以不大于 24h 的时间间隔上送负荷曲线数据到配电主站。

  A．实时在线　　　　　　　　　　　B．准实时在线
  C．实时在线或准实时在线　　　　　D．离线

答案：C

  10.（　　）不是故障指示器检测接地故障的方法。

  A．外施信号检测法　　　　　　　　B．暂态特征检测法
  C．稳态特征检测法　　　　　　　　D．激励信号检测法

答案：D

  11.“三遥”终端的必备功能包括具备接收电缆接头温度、（　　）等状态监测数据功能，具备接收备自投等其他装置数据功能。

  A．柜内温度和湿度　　　　　　　　B．柜内温度
  C．柜内湿度　　　　　　　　　　　D．环境温度

答案：A

  12.（　　）不属于配电终端要禁用的服务。

  A．FTP　　　　　　　　　　　　　B．POLLING
  C．TELNET　　　　　　　　　　　D．SNMP

答案：B

  13. 配电自动化终端 FTU 的接口宜采用（　　）的连接方式。

  A．网络端口　　　　　　　　　　　B．航空插头
  C．BNC 接头　　　　　　　　　　　D．HDMI 接口

答案：B

  14.“三遥”馈线终端应提供通信设备的电源接口，后备电源为蓄电池供电方式时应保证维持终端及通信模块至少运行（　　）h。

  A．4　　　　　　　　B．8　　　　　　　C．12　　　　　　　D．24

答案：A

  15.“三遥”站所终端的后备电源为超级电容供电方式时，应保证停电后能分闸操作三次，维持终端及通信模块至少运行（　　）。

A. 15min   B. 30min   C. 1h   D. 2h

答案：A

16. 配电终端电源输入和输出应实现（   ）隔离。

A. 物理   B. 化学   C. 通信   D. 电气

答案：D

17. 配电终端类型标识代码为 F22 时，对应的配电终端类型为（   ）。

A. FTU "三遥" 终端   B. FTU "二遥" 基本型终端

C. FTU "二遥" 标准型终端   D. FTU "二遥" 动作型终端

答案：D

18. 配电变压器终端守时精度每 24h 误差应小于（   ）s。

A. 1   B. 2   C. 3   D. 4

答案：B

19. 配电终端的 ID 号由（   ）位英文字母和数字组成。

A. 18   B. 20   C. 22   D. 24

答案：D

20. 用电子互感器时，配电终端运行参数按照相电流二次额定（   ）A，相电压二次额定（   ）V 进行定值参数整定及显示。

A. 1，100   B. 5，100   C. 1，120   D. 5，120

答案：A

21. 配电终端的 "遥测类" 参数值电流死区值使用一个信息体进行表示，通过规约上传时其信息结构的数据类型为（   ）。

A. 8 位位串类型   B. 无符号长整型

C. 单精度浮点型   D. 双精度浮点型

答案：C

22. 智能配变终端，基于（   ）架构，实现端云协同，向物联网连接演进。

A. IoT   B. DIoT   C. E-IoT   D. EIoT

答案：D

23. 智能配变终端能在海拔（   ）km 范围内正常工作。

A. 0～1000   B. 0～2000   C. 0～4000   D. 0～5000

答案：C

24. 智能配变终端应具备（   ）路无线公网或无线专网远程通信接口。

A. 1   B. 2   C. 3   D. 4

答案：A

25. 智能配变终端 SOE 分辨率不大于 100ms，软件防抖动时间（   ）可设。

A. 10～1000ms   B. 100～1000ms

C. 20～2000ms   D. 200～2000ms

答案：B

26. 智能配变终端与（　　）之间交互的管理数据，主要包括终端设备管理、容器管理和应用软件管理等数据。

A．传感器　　　　　　　　　　　　B．边缘代理

C．远方终端　　　　　　　　　　　D．远方主站

答案：D

27. 智能配变终端宜采用超级电容作为后备电源，并集成于终端内部。当终端主电源故障时，超级电容能自动无缝投入，并应维持终端及终端通信模块正常工作至少（　　），具备三次上报数据至主站的能力。

A．2 min　　　　B．3 min　　　　C．4 min　　　　D．5min

答案：B

28. 智能配变终端主 CPU 应满足单芯多核，主频不低于 700MHz，内存不低于 512MB，FLASH 不低于 1GB，CPU 芯片应为（　　）。

A．国产工业级芯片　　　　　　　　B．国产商业级级芯片

C．进口工业级芯片　　　　　　　　D．进口商业级芯片

答案：A

29. 结合新一代配电自动化建设，以（　　）为核心，构建低压配电网运行监测体系，强化低压配电网故障研判、拓扑分析、分布式电源接入、电动汽车充电管理等应用成效。

A．配电主站　　　　　　　　　　　B．配电终端

C．智能配电终端　　　　　　　　　D．智能配变终端

答案：D

30. 一、二次融合环网柜的操作电源采用 DC（　　）V。

A．24　　　　　B．48　　　　　C．110　　　　　D．220

答案：B

31. 一、二次融合环网柜的断路器柜相间故障整组动作时间应不大于（　　）ms。

A．100　　　　　B．150　　　　　C．200　　　　　D．500

答案：A

32. 一、二次融合环网柜的合闸线圈瞬时功耗应不大于（　　）W。

A．200　　　　　B．300　　　　　C．400　　　　　D．500

答案：B

33. 一、二次融合环网柜的分闸线圈瞬时功耗应不大于（　　）W。

A．200　　　　　B．300　　　　　C．400　　　　　D．500

答案：D

34. 一、二次融合环网柜采用电磁式电压互感器时，其零序电压精度要求为（　　）级。

A．1　　　　　　B．2　　　　　　C．3P　　　　　D．10P

答案：C

35. 一、二次融合技术方案分两个阶段推进，第一阶段为配电设备的（   ）。

A. 一、二次深度融合   B. 一、二次成套阶段

C. 一、二次结合阶段   D. 同一厂家生产阶段

答案：B

36. 一、二次融合技术方案分两个阶段推进，第二阶段为配电设备的（   ）。

A. 一、二次深度融合   B. 一、二次成套阶段

C. 一、二次结合阶段   D. 同一厂家生产阶段

答案：A

37. 一、二次融合的目标是配电一、二次设备采用（   ），终端产品设计遵循小型化、标准化、即插即用的原则，满足不同厂家装置互换的要求。

A. 统一化设计   B. 本质安全设计

C. 标准化设计   D. 一体化设计理念

答案：D

38. 一、二次融合成套环网柜与站所终端之间采用军品级（   ），且通过电缆连接。

A. 航空接插件   B. 矩形连接器

C. 圆形连接器   D. 重型连接器

答案：A

39. 一、二次融合成套环网柜应配置带电显示器（带二次核相孔、按回路配置），应能满足验电、（   ）的要求。

A. 显示   B. 核相   C. 感应   D. 报警

答案：B

40. 一、二次融合成套环网柜应配置（   ）电磁式电压互感器。

A. 三相五柱式   B. 三相四柱式

C. 分相式   D. 单相

答案：A

41. 一、二次融合成套环网柜所有相/零序电流互感器的极性保持一致，（   ）为正方向。

A. 母线指向线路   B. 线路指向母线

C. 不规定正方向   D. 按实际需求规定

答案：A

42. 一、二次融合成套环网柜在正常情况下，合闸弹簧完成合闸操作后要立即自动开始再次储能，合闸弹簧应在（   ）内完成储能。

A. 10s   B. 15s   C. 20s   D. 25s

答案：B

43. 配电终端成套环网柜二次控制仪表室应设有（   ）接地导体，截面积不小于

100mm^2，铜排两端应装设足够的螺栓以备接至接地网上。

A．连通的   B．独立的

C．专用的   D．专用独立的

答案：D

44．一、二次融合成套环网柜二次控制仪表室应设有专用独立的接地导体，截面积不小于（　　　），铜排两端应装设足够的螺栓以备接至等电位接地网上。

A．50mm^2 B．100mm^2 C．150mm^2 D．200mm^2

答案：B

45．一、二次融合成套环网柜电流互感器保护测量准确等级为（　　　）。

A．0.5 级/5P10 级   B．0.5 级

C．5P10 级   D．0.2 级/5P10 级

答案：A

46．一、二次融合成套环网柜备用辅助接点为（　　　）。

A．1 动合 1 动断   B．2 动合 2 动断

C．3 动合 3 动断   D．4 动合 4 动断

答案：B

47．时钟电池应使用环保型的锂电池作为时钟备用电源；时钟备用电源在线损模块寿命周期内无需更换，断电后应维持内部时钟正确工作时间累计不少于（　　　）年。

A．1   B．3   C．5   D．6

答案：C

48．在工作电源断电的情况下，所有与电能量有关的数据应至少保存（　　　）年，其他数据至少保存 3 年。

A．3   B．5   C．8   D．10

答案：D

49．配电终端成套柱上开关/负荷开关电压传感器负载阻抗应大于（　　　）。

A．1MΩ   B．5MΩ   C．10MΩ   D．100MΩ

答案：B

50．配套终端兼容 2G/3G/4G 数据通信技术的无线通信模块时，通信电源额定电压 24V，稳态输出精度±15%，电源稳定输出容量不小于（　　　）W。

A．1   B．2   C．3   D．4

答案：C

51．暴露在空气中的航空插座必须采用密封材料对金属导体进行密封，提高其（　　　）性能。

A．抗高温   B．抗氧化   C．抗腐蚀   D．抗凝露

答案：D

52．电压传感器绝缘电阻测量，采用 2500V 绝缘电阻表进行测量，20℃时绝缘电阻不

低于（　　　）MΩ，则认为试验通过。

A．1000　　　　　　B．1500　　　　　　C．2000　　　　　　D．2500

答案：A

53．架空柱上 FTU 与 TTU 一般户外露天安装，采用耐腐蚀材料（如不锈钢）制成的具有防雨、防潮、防尘措施并且能够通风的箱式结构，安装在（　　　）或配电变压器台架上。

A．架空线路杆塔等处　　　　　　　　　B．配电站房

C．箱式变压器　　　　　　　　　　　　D．环网柜

答案：A

54．配电终端的交流工作电源通常取自线路（　　　）的二次侧输出。

A．电流互感器　　　　　　　　　　　　B．电压互感器

C．保护回路　　　　　　　　　　　　　D．开关

答案：B

55．安装具有过电流跳闸和单相接地跳闸功能的"看门狗"开关，目的在于实现用户侧故障的自动隔离，防止用户侧事故波及到电力公司的配电线路，并确立（　　　）。

A．事故责任分界点　　　　　　　　　　B．事故点

C．事故原因　　　　　　　　　　　　　D．事故责任

答案：A

56．与传统电容器相比，（　　　）具有更大储能容量、更宽的工作温度范围和较长的使用寿命。

A．铅酸电池　　　　　　　　　　　　　B．普通蓄电池

C．超级电容器　　　　　　　　　　　　D．锂电池

答案：C

57．（　　　）终端能实现就地故障自动隔离。

A．基本型　　　　　B．标准型　　　　　C．动作型　　　　　D．常规型

答案：C

58．一、二次融合 DTU 中的配电线损采集模块工作电源功耗应不大于（　　　）W。

A．1　　　　　　　　B．2　　　　　　　　C．3　　　　　　　　D．4

答案：C

59．配电终端电源系统的温度要求，温度应在（　　　）。

A．−40℃～+70℃　　　　　　　　　　B．−40℃～+60℃

C．−30℃～+70℃　　　　　　　　　　D．−30℃～+60℃

答案：A

60．蓄电池室推荐单独配置环境调节设备，将温度控制在（　　　）之间。

A．20℃～25℃　　　　　　　　　　　　B．22℃～25℃

C．25℃～30℃　　　　　　　　　　　　D．27℃～30℃

答案：B

61. 配电自动化终端实现对一次设备的实时监控与（ ）。

A. 自诊断 B. 信息采集

C. 自动闭锁 D. 越限上送

答案：B

62. 柱上开关一、二次成套化设备箱式 FTU 应满足（ ）防护等级。

A. IP 52 B. IP 53 C. IP 54 D. IP 55

答案：C

63. 柱上开关一、二次成套化设备控制单元应满足（ ）防护等级。

A. IP 64 B. IP 65 C. IP 66 D. IP 67

答案：B

64. 一、二次融合成套环网柜外箱体防护等级应不低于（ ）。

A. IP 37 B. IP 43 C. IP 45 D. IP 53

答案：B

65."二遥"终端蓄电池应保证维持配电终端及通信模块至少运行（ ）min。

A. 10 B. 20 C. 30 D. 60

答案：C

66."二遥"终端超级电容应保证维持配电终端及通信模块至少运行（ ）min。

A. 1 B. 2 C. 5 D. 10

答案：B

67. 按照参数对应的功能不同，可以将配电终端的参数分为（ ）、运行参数、故障处理动作参数 3 大类。

A. 基本参数 B. 固有参数

C. 硬件参数 D. 软件参数

答案：B

68. 下列选项中，属于配电终端固有参数的是（ ）。

A. 蓄电池管理类参数 B. 越限类参数

C. 终端软件版本 D. 故障电流模式

答案：C

69. 配电终端类型标识代码由（ ）部分组成。

A. 1 B. 2 C. 3 D. 4

答案：C

70. 配电终端操作系统参数用于（ ）操作系统类型及版本。

A. 查看 B. 查询 C. 修改 D. 删除

答案：B

71. 配电终端通信规约类型参数用于标识当前的（ ）。

A．通信格式   B．通信方式

C．链路管理   D．通信规约

答案：D

72．配电终端出厂型号是由各终端生产厂家为方便管理和检索而自定的型号。由于各生产厂家终端出厂型号编码规则不尽相同，因此统一使用 ASCII 编码规则，在规约上送时使用（   ）作为终端出厂型号。

A．位   B．字符   C．字符串   D．字节

答案：B

73．终端网卡 MAC 地址，其中前（   ）字节是由 IEEE 的注册管理机构 RA 负责分配。

A．1   B．2   C．3   D．4

答案：C

74．当装置检出过流后上报故障信息，不区分是否为临时故障或永久故障。一般适用于配电线路配置（   ）的模式。

A．架空线路   B．电缆线路

C．负荷开关   D．断路器

答案：D

75．现场运维终端连接配电终端时，配电终端应对现场运维终端进行（   ）身份验证。

A．单向   B．双向   C．横向   D．纵向

答案：A

76．安全芯片宜采用（   ）封装。

A．VSOP8   B．VSOP16   C．VSOP32   D．VSOP64

答案：A

77．后备电源要求"二遥"基本型汇集单元应保证维持配电终端及通信模块至少运行（   ）天。

A．4   B．5   C．6   D．7

答案：D

78．后备电源要求配电变压器应保证维持配变终端及通信模块至少运行（   ）min。

A．4   B．5   C．6   D．7

答案：B

79．下列（   ）不属于环境监测的监测指标。

A．配电变压器壳温   B．避雷器绝缘状态

C．开关柜温度   D．紫外线强度

答案：D

80．下列（   ）不属于配电变压器环境监测的监测指标。

A．高压进线温度　　　　　　　　　　B．配电变压器油温

C．配电变压器台区线损　　　　　　　D．配电变压器壳温

答案：C

81．配电终端的配置原则上在重点城市中心区采用的是（　　　）。

A．"四遥"　　　　　B．"三遥"　　　　　C．"二遥"　　　　　D．"一遥"

答案：B

82．线路保护装置应设置重合闸充电完成状态指示，应支持以（　　　）形式上送。

A．遥控　　　　　B．遥信　　　　　C．遥调　　　　　D．遥测

答案：B

83．"三遥"站所终端配合断路器使用时，具备的故障处理功能是（　　　）。

A．智能分布式 FA　　　　　　　　　B．直接隔离故障

C．就地重合式 FA　　　　　　　　　D．集中式 FA

答案：B

84．"三遥"站所终端取电方式推荐采用（　　　）方式。

A．TV 取电　　　　　　　　　　　　B．TA 取电

C．太阳能取电　　　　　　　　　　D．仅采用蓄电池

答案：A

85．"三遥"站所终端遥测精度为（　　　）。

A．0.002　　　　　B．0.005　　　　　C．0.008　　　　　D．0.010

答案：B

86．（　　　）不是配电自动化系统的必要组成部分。

A．配电系统主站　　　　　　　　　B．配电子站

C．配电终端　　　　　　　　　　　D．通信网络

答案：B

87．（　　　）故障对电力系统稳定运行的影响最小。

A．单相接地　　　　　　　　　　　B．两相短路

C．两相接地短路　　　　　　　　　D．三相短路

答案：A

88．（　　　）管理功能包括充电管理、输出短路保护、深度过放电保护、电池活化等功能以及电池欠压、活化、过压、过热等告警功能。

A．操作电源　　　　　　　　　　　B．终端

C．蓄电池　　　　　　　　　　　　D．设备

答案：C

89．（　　　）是安装在配电变压器低压出线处，用于监测配电变压器各种运行参数的配电终端。

A．DTU　　　　　B．FTU　　　　　C．TTU　　　　　D．DDU

63

答案：C

90. （　　）是安装在配电网架空线路杆塔等处的配电终端。

A．DTU   B．FTU   C．TTU   D．DDU

答案：B

91. （　　）是安装在配电网开关站、配电室、环网单元、箱式变电站、电缆分支箱等处的配电终端。

A．DTU   B．FTU   C．TTU   D．DDU

答案：A

92. （　　）应具备运行数据采集、处理、存储、通信传输等功能。

A．配电终端   B．配电主站

C．配电子站   D．柱上终端

答案：A

93. "二遥"动作型站所终端安装的位置为（　　）。

A．架空线路   B．环网柜进线

C．环网柜馈线   D．变电站出线

答案：C

94. "三遥"馈线终端应具备就地采集（　　）和状态量，控制开关分、合闸，数据远传及远方控制功能。

A．模拟量   B．电流信号

C．电压信号   D．点位信号

答案：A

95. "三遥"站所终端的要求包括电压输入标称值（100V/220V，50Hz），要求采集不少于（　　）个电压量。

A．1   B．2   C．3   D．4

答案：D

96. DTU 需满足至少（　　）个回路的录波。

A．1   B．2   C．3   D．4

答案：B

97. DTU 终端验收项目及要求中，所有设备外壳均需（　　）。

A．光洁   B．焊接   C．接地   D．加水

答案：C

98. 安装在户外（含遮蔽场所）的配电终端防护等级不得低于《外壳防护等级（IP代码）》（GB/T 4208）规定的（　　）的要求。

A．IP 20   B．IP 40   C．IP 55   D．IP 60

答案：C

99. 备用电源与备用设备自动投入装置的主要作用是（　　）。

A．保证电网频率不变　　　　　　　　　　　B．提高供电选择性

C．改善电能质量　　　　　　　　　　　　　D．提高供电可靠性

答案：D

100．充电回路接收整流回路输出，产生蓄电池充电电流，在蓄电池容量缺额比较大时，首先采用（　　）充电方式。

A．恒流　　　　　　　　　　　　　　　　　B．恒压

C．浮充电　　　　　　　　　　　　　　　　D．脉冲

答案：A

101．除配变终端外，其他终端应能判断线路（　　）等故障。

A．相间和单相　　　　　　　　　　　　　　B．大电流

C．小电流　　　　　　　　　　　　　　　　D．零序故障

答案：A

102．当 FTU 用于变电站出线断路器的监控时，通常配备Ⅲ段电流保护、（　　）、反时限电流保护、失压保护、自动重合闸等。

A．过压保护　　　　　　　　　　　　　　　B．过流保护

C．正时限电流保护　　　　　　　　　　　　D．零序电流保护

答案：D

103．当接地电阻达到（　　）时，暂态录波的检测方法不再适用。

A．200Ω 以下　　　　　　　　　　　　　　B．200～500Ω

C．500～1000Ω　　　　　　　　　　　　　D．1000Ω 以上

答案：D

104．当使用蓄电池作为后备电源时，应具有远程/定期（　　）功能切换至后备电源供电，并可上传相关信息。

A．充电　　　　　　B．放电　　　　　　C．活化　　　　　　D．投退

答案：C

105．低温会使蓄电池的容量缩小，（　　）℃环境下蓄电池会损失约 10%的容量。

A．50　　　　　　　B．1　　　　　　　C．15　　　　　　D．20

答案：C

106．第一个远传型故障指示器应（　　）变电站安装。

A．靠近　　　　　　　　　　　　　　　　　B．远离

C．靠近或远离皆可　　　　　　　　　　　　D．以上均不对

答案：A

107．电缆线路的环网柜、开关站、配电室、箱式变压器等配电设备，一般在母线或进线配置相间（　　）。

A．电压互感器　　　　　　　　　　　　　　B．电流互感器

C．熔断器　　　　　　　　　　　　　　　　D．隔离开关

答案：A

108. 电源管理模块运行参数中，浮充电压、充电电流应结合蓄电池（　　）进行选择。

A. 额定电压 B. 额定电流

C. 额定容量 D. 以上都是

答案：C

109. 定期检查电源管理模块运行参数是否在合格范围内，浮充电压、充电电流应结合蓄电池容量进行选择，应采用浮充电压、充电电流的（　　）设定，是否有故障告警信号。

A. 上限值 B. 下限值

C. 平均值 D. 实际值

答案：B

110. 短期过量交流输入电流施加标称值的（　　），持续时间小于 1s，DTU 应工作正常。

A. 500% B. 1000% C. 2000% D. 3000%

答案：C

111. 对一般性节点，如分支开关、无联络的末端站室，应配置（　　）终端。

A. "一遥"终端 B. "二遥"终端

C. "三遥"终端 D. "四遥"终端

答案：B

112. 对于 B 类供电区域的架空线路，可在架空线路主干线每（　　）km 安装一套远传型故障指示器。

A. 1 B. 2 C. 3 D. 4

答案：B

113. 对于 D 类供电区域，架空线路主干线每（　　）km 安装一套远传型故障指示器。

A. 2～3 B. 3～5 C. 5～6 D. 6～8

答案：C

114. 对于外施信号发生装置，按外施信号的不同，主要有不对称电流法和（　　）法。

A. 对称电流法 B. 工频特征信号

C. 高频特征信号 D. 低频特征信号

答案：B

115. 对于中性点经小电阻接地的配电线路，应采用（　　）故障指示器。

A. 外施信号型 B. 暂态特征型

C. 稳态特征型 D. 暂态录波型

答案：C

116. 对于中性点经消弧线圈接地或不接地的配电线路，应采用（　　）故障指示器。

A. 外施信号型 B. 暂态特征型

C. 稳态特征型 D. 暂态录波型

答案：A

117. 关于外施信号型故障指示器特点，以下说法错误的是（　　）。

A．采用突变量法检测短路故障

B．外施信号法检测接地故障

C．适用于架空线路和电缆线路

D．外施信号装置无需停电安装

答案：D

118. 关于稳态特征型故障指示器特点，以下说法正确的是（　　）。

A．采用突变量法检测短路故障

B．暂态特征法检测接地故障

C．仅适用于中性点不接地的配电线路

D．主要用于架空线路

答案：A

119. 配变自动化终端暂态录波型故障指示器不具备（　　）。

A．识别短路和接地故障

B．根据故障类型选择复位形式

C．防误报警

D．线路有压鉴别

答案：D

120. "二遥"动作型 FTU 串行口、以太网通信接口分别具备不少于（　　）个。

A．1，1　　　　　B．2，1　　　　　C．2，2　　　　　D．4，2

答案：A

121. "二遥"基本型 FTU 串行口具备不少于（　　）个。

A．1　　　　　B．2　　　　　C．3　　　　　D．4

答案：A

122. "二遥"标准型站所终端整机功耗为（　　）VA，不含通信模块、配电线损采集模块、后备电源。

A．15　　　　　B．12　　　　　C．25　　　　　D．15

答案：C

123. 发生单相接地故障时，根据零序电压和相电压变化，外施信号发生装置自动投入，连续产生不少于（　　）组工频电流特征信号序列。

A．1　　　　　B．2　　　　　C．3　　　　　D．4

答案：D

124. 根据《配电网技术导则》（Q/GDW 10370—2016）要求，（　　）应安装电缆故障指示器。

A．架空线路分段处　　　　　　　　B．配电室

C．较长支线首端 D．中压用户进线处

答案：B

125．供电电源采用交流 220V 供电或电压互感器供电时技术参数指标应满足：标称电压容差为（ ）～－20%。

A．10% B．20% C．30% D．40%

答案：B

126．供电电源采用交流 220V 供电或电压互感器供电时技术参数指标应满足：波形为正弦波，谐波含量小于（ ）。

A．5% B．10% C．15% D．20%

答案：B

127．故障指示器应喷 A/B/C 黄绿红的（ ）色标。

A．醒目 B．专用 C．明显 D．永久

答案：D

128．故障指示器指示单元要实现高速采样录波，功耗较大，依赖线路感应取电。因此线路负荷应至少在（ ）A 以上才能满足要求。

A．2 B．3 C．5 D．10

答案：C

129．下列关于前置终端配置的终端类型的说法中，错误的是（ ）。

A．是终端的分类类型 B．是终端的型号
C．必须与终端实际一致 D．必须与图资维护一致

答案：B

130．汇集单元应支持数据定时上送，最小上送时间间隔为（ ）min。

A．45 B．30 C．20 D．15

答案：D

131．汇集单元整机功耗（在线，不通信）不大于（ ）VA。

A．2 B．1.5 C．1 D．0.2

答案：D

132．加强设备质量管控，开展分批次、分厂家、分型号、分（ ）、分周期对比分析，通过质量评价实现产品质量全过程跟踪、 同步追景和及时处置。

A．种类 B．区域 C．类型 D．属地

答案：B

133．架空支线长度超过 2km 且挂接配电变压器超过（ ）台或容量超过 1500kVA 时，在支线首端安装一套远传型故障指示器。

A．2 B．3 C．4 D．5

答案：D

134．开关柜端子排电机正电源接线松动会造成（ ）。

A．遥信坏数据　　　　　　　　　　　B．遥控不成功

C．遥测不上传　　　　　　　　　　　D．通道退出

答案：B

135．断路器在遥控操作后，必须核对执行遥控操作后自动化系统上（　　）、遥测量变化信号（在无遥测信号时，以设备变位信号为判据），以确认操作的正确性。

A．断路器变位信号　　　　　　　　　B．隔离开关变位信号

C．电流变化　　　　　　　　　　　　D．电压变化

答案：A

136．"看门狗"发生事故时，配合启动的保护信号有（　　）。

A．零序保护、相间保护　　　　　　　B．过流保护、速断保护

C．事故总、相间保护　　　　　　　　D．事故总、零序保护

答案：A

137．班进行 DTU 安装后测试工作时，测试员高某发现遥控失败。对 DTU 进行检查，经检查发现遥控压板遥控失败后，应先在测控装置上进行（　　）。

A．手控操作　　　　　　　　　　　　B．遥控操作

C．电源操作　　　　　　　　　　　　D．回路外操作

答案：A

138．配变终端 TV 二次额定配置取值范围为（　　）。

A．0.1～30.0　　　　　　　　　　　B．0～0.3

C．0.1～400.0　　　　　　　　　　　D．1.0 或 5.0

答案：C

139．配变终端应采用国密 SM1 密码算法对传输的业务数据计算消息认证码，实现对传输数据的（　　）保护，计算消息认证码的密钥应存储在安全芯片中。

A．安全性　　　　　B．完整性　　　　　C．准确性　　　　　D．保密性

答案：B

140．配变终端应支持（　　），与配电主站/子站之间的通信宜采用符合《远动设备及系统》（DL/T 634.5101—2002）《循环式远动规约》（DL 451—91）标准的通信规约和 CDT 通信协议。

A．串口　　　　　　　　　　　　　　B．网口

C．以太网或标准串行接口　　　　　　D．无线

答案：C

141．配电网自动化开关设备的选用原则为：①按正常工作条件选择开关；②（　　）。

A．按工作电流选择　　　　　　　　　B．按工作负荷选择

C．按工作电压选择　　　　　　　　　D．按最大短路电流校验

答案：D

142．配电终端（　　）是标识配电终端的唯一编码。

69

A．二维码　　　　　B．ID 号　　　　　C．条形码　　　　　D．出厂型号

答案：B

143．配电终端安全芯片的最大工作电流为（　　）mA。

A．20　　　　　　　B．30　　　　　　　C．40　　　　　　　D．50

答案：B

144．配电终端采集的电压、电流遥测数据数值是被测量的（　　）。

A．有效值　　　　　　　　　　　　　B．瞬时值

C．平均值　　　　　　　　　　　　　D．标幺值

答案：A

145．配电终端采取防误措施，避免装置初始化、运行中、断电等情况下产生误报遥信，软件防抖动时间（　　）ms 可设。

A．15～1000　　　　　　　　　　　B．10～1000

C．10～500　　　　　　　　　　　　D．15～500

答案：B

146．配电终端的结构形式应符合现场安装的（　　）。

A．美观性　　　　　　　　　　　　　B．可靠性

C．规范性和安全性　　　　　　　　　D．紧凑性

答案：C

147．配电终端的生产厂家应保证终端的不因为（　　）相同而引发异常和故障。

A．IP 地址　　　　　　　　　　　　B．MAC 地址

C．ONU 地址　　　　　　　　　　　D．通信端口

答案：B

148．配电终端的直流遥测量应接入蓄电池的端电压，采用 DC110V 的直流系统应配置 DC（　　）量程的直流采集模块（部件）。

A．0～30V　　　　　　　　　　　　B．0～48V

C．0～60V　　　　　　　　　　　　D．0～130V

答案：D

149．配电终端的直流遥测量应接入蓄电池的端电压，采用 DC24V 的直流系统应配置 DC（　　）量程的直流采集模块（部件）。

A．0～30V　　　　　　　　　　　　B．0～48V

C．0～60V　　　　　　　　　　　　D．0～130V

答案：A

150．配电终端的直流遥测量应接入蓄电池的端电压，采用 DC48V 的直流系统应配置 DC（　　）量程的直流采集模块（部件）。

A．0～30V　　　　　　　　　　　　B．0～48V

C．0～60V　　　　　　　　　　　　D．0～130V

答案：C

151．配电终端防尘试验持续时间（　　）h。

A．4　　　　　　　　B．8　　　　　　　　C．24　　　　　　　　D．28

答案：B

152．配电终端防水试验持续时间（　　）min。

A．5　　　　　　　　B．10　　　　　　　　C．30　　　　　　　　D．60

答案：B

153．配电终端故障电流的总误差应不大于（　　）。

A．±1%　　　　　　B．±5%　　　　　　C．±10%　　　　　　D．±15%

答案：B

154．配电终端后备电源的蓄电池容量表示为（　　）。

A．充电功率×时间　　　　　　　　　B．放电功率×时间

C．放电电流×放电时间　　　　　　　D．充电电流×充电时间

答案：C

155．配电终端后备电源阀控铅酸蓄电池运行到使用寿命的（　　）时需增加测试频次。

A．1/2　　　　　　　B．1/3　　　　　　　C．1/4　　　　　　　D．1/5

答案：A

156．配电终端交流电流回路在输入电流为 $1.0I_n$ 时幅值相对误差不超过（　　）。

A．0.2　　　　　　　B．0.5　　　　　　　C．1　　　　　　　　D．2

答案：B

157．配电终端实验室的检测温度要求为（　　）。

A．−25℃～+55℃　　　　　　　　　B．−15℃～+55℃

C．+15℃～+35℃　　　　　　　　　D．+15℃～+55℃

答案：C

158．配电终端所有存储并上送的记录对象必须是现场配置的上送（　　）规定的信息。

A．信息点表　　　　　　　　　　　　B．配置表

C．信息表　　　　　　　　　　　　　D．配电表

答案：A

159．配电终端所有运行参数默认值及参数范围均为（　　）。

A．最小值　　　　　　　　　　　　　B．平均值

C．实际值　　　　　　　　　　　　　D．最大值

答案：C

160．配电终端应根据不同的（　　）选择相应的类型。

A．应用对象　　　　　B．主机　　　　　C．处理对象　　　　　D．计算机

答案：A

161．配电终端应具备（　　）功能，防抖动时间可设，支持上传带时标的遥信变位

信息。

A．遥信防抖   B．遥控防抖

C．遥测防抖   D．通信防抖

答案：A

162．配电终端应具备对时功能，支持规约等对时方式，接收主站或其他（   ）的对时命令，与系统时钟保持同步。

A．时间同步装置   B．配电终端

C．DTU   D．主站

答案：A

163．配电终端应具备运行信息采集、事件记录、对时、远程维护和自诊断、数据存储、（   ）等功能。

A．通信   B．信通   C．通道   D．报文发送

答案：A

164．配电终端应满足通过远方通信口对设备进行参数维护，在进行（   ）的查看或整定时应保持与主站系统的正常业务连接。

A．参数、状态量   B．参数、电流

C．参数、定值   D．状态量、定值

答案：C

165．配电终端直流电源技术参数指标应满足：标称电压容差为（   ）。

A．＋20%～－20%;   B．＋20%～－15%;

C．＋15%～－20%;   D．＋15%～－15%;

答案：C

166．配电终端中的站所终端功能不可通过（   ）装置实现。

A．远动装置   B．显示器

C．测控、保护装   D．重合闸控制器

答案：B

167．配电自动化开关设备的雷电冲击实验要求 15 次冲击实验中破坏性放电不超过（   ）次。

A．1   B．2   C．3   D．4

答案：B

168．配电自动化中馈线自动化的监视分段器的状态利用（   ）终端。

A．TTU   B．FTU   C．RTU❶   D．站控终端

答案：B

169．配电自动化终端在低温设定值－40℃时，低温引起的交流工频电量误差改变量应

---

❶ 远程终端（remote terminal unit，RTU）。

不大于准确等级指数的（　　）。

A．100% B．120% C．150% D．200%

答案：A

170．频率死区配置取值范围为（　　）。

A．0.1～30.0 B．0～0.3

C．0.1～400.0 D．1.0 或 5.0

答案：B

171．如果一个 FTU 的所有遥测数据都不刷新，但是从报文看都是遥信变位内容，故障原因可能是（　　）。

A．通道故障 B．主站故障

C．FTU 故障 D．遥信抖动

答案：D

172．如环境温度升高1℃，那么均衡充电的电压值就要降低（　　）mV。

A．1 B．2 C．3 D．4

答案：C

173．"三遥"馈线终端采集不少于（　　）个遥信量，不少于1路开关的分、合闸控制，采集不少于2个电压量，采集不少于（　　）个电流量。

A．2，3 B．4，5 C．5，6 D．4，6

答案：A

174．"三遥"馈线终端遥信电源电压不低于（　　）V。

A．12 B．24 C．36 D．48

答案：B

175．"三遥"站所终端具备不少于（　　）条线路的相间短路与单相接地故障检测、判断与录波功能。

A．3 B．2 C．1 D．4

答案：B

176．运行中的设备（　　）变动时，不需要对变动部分的相关功能进行校验。

A．遥信 B．遥测 C．遥控回路 D．定值

答案：D

177．单台终端周在线率低于（　　），属于严重缺陷。

A．1 B．0.95 C．0.9 D．0.8

答案：D

178．"三遥"站所终端开入量采集不少于（　　）个交流电流量。

A．15 B．12 C．20 D．10

答案：B

179．"三遥"站所终端开入量采集不少于（　　）个遥信量。

A. 45　　　　　　　　　　　　　B. 30

C. 20　　　　　　　　　　　　　D. 15

答案：C

180. "三遥"终端具备软硬件防误动措施，保证控制操作的可靠性，控制输出回路宜提供明显断开点，继电器触点断开容量：交流 250V/5A、直流 80V/2A 或直流 110V/0.5A 的纯电阻负载；触点电气寿命：不少于（　　　）。

A. 10^5　　　　　　　　　　　B. 10^7

C. 10^9　　　　　　　　　　　D. 10^3

答案：A

181. 失去电源，终端应保证保存各项设置值和记录数据不小于（　　　）。

A. 半年　　　　　B. 一个月　　　　　C. 一年　　　　　D. 两年

答案：C

182. 事件顺序记录是（　　　）。

A. 把现场断路器或继电保护动作的先后顺序记录下来

B. 把现场事故前后的断路器变化、对应的遥测量变化先后顺序记录下来

C. 主站记录遥测量变化的先后顺序

D. 主站记录断路器或继电保护动作先后的顺序

答案：A

183. 随着技术的进步，出现了（　　　）负荷开关分断的电缆分支箱，可实现环网柜的功能，而且价格又低于环网柜，在户外起到代替开关站的重要作用。

A. 空气绝缘　　　　　　　　　　B. 真空

C. SF_6　　　　　　　　　　　　D. 固体绝缘

答案：C

184. 通道板上指示灯的状态为：RXD 灯（灭）、Run 灯（亮）、ALARM 灯（亮）时，表示（　　　）。

A. 信号接收正常

B. 表示信号太弱、信号不对或通道板设置不对

C. 表示无信号，通道断或 RTU 故障

D. 通道板坏或 RTU 故障

答案：C

185. 蓄电池的温度宜保持在 5～30℃，最高不应超过（　　　），并应通风良好。

A. 30℃　　　　　　　　　　　　B. 40℃

C. 45℃　　　　　　　　　　　　D. 以上都不对

答案：C

186. 遥控失败可能是由于终端设备处于（　　　）位置。

A. 就地　　　　　B. 远方　　　　　C. 解锁　　　　　D. 锁定

答案：A

187．遥控调试时，可使用万用表的（   ）来检测遥控节点的闭合情况。

A．欧姆挡　　　　　　　　　　　　B．交流电压挡

C．直流流电压挡　　　　　　　　　D．直流电流挡

答案：A

188．（   ）在基本遥信测试中不会涉及。

A．开关位置信号　　　　　　　　　B．开关储能信号

C．蓄电池欠压信号　　　　　　　　D．远方就地把手位置信号

答案：C

189．（   ）在配电终端与主站调试时需要，而在配电终端本体检测时不需要用（   ）。

A．状态量输入模拟器　　　　　　　B．钳形电流表

C．综合测试仪　　　　　　　　　　D．独立的试验电源

答案：A

190．（   ）因电缆电场信号采集困难而暂不存在。

A．架空外施信号型远传故障指示器

B．架空暂态录波型远传故障指示器

C．架空外施信号型远传故障指示器

D．电缆暂态特征型远传故障指示器

答案：D

191．在（   ）的情况下，终端密钥、证书均应配置正式密钥及证书。

A．终端上线前　　　　　　　　　　B．终端上线时

C．终端故障返厂时　　　　　　　　D．以上说法都正确

答案：B

192．智能配变终端应采用（   ）设计。

A．平台化　　　　B．软件化　　　　C．硬件化　　　　D．整体化

答案：A

193．终端的机械机构应能防护（   ）。

A．灰尘、潮湿、动物　　　　　　　B．盗窃、高温、火灾

C．雨水、撞击、灰尘　　　　　　　D．高温、动物、灰尘

答案：A

194．终端发送到主站，无需通过计算便可得到的遥测属于的遥测类型为（   ）。

A．计算量　　　　B．工程量　　　　C．实际值　　　　D．满度值

答案：C

195．关于备用电源自动投入装置下列叙述错误的是（   ）。

A．自动投入装置应保证只动作一次

B．应保证在工作电源或设备断开后，才投入备用电源或设备

C．工作电源或设备上的电压，当因非人为因素消失时，自动投入装置均应动作

D．无论工作电源或设备断开与否，均可投入备用电源或设备

答案：D

196．永久性故障的复位方法为（　　　）。

A．按照设定时间延时复位　　　　　　　　B．执行主站远程复位

C．上电后自动延时复位　　　　　　　　　D．执行就地命令复位

答案：C

197．不需要写入故障指示器的二维码信息是（　　　）。

A．厂商代码　　　　　　　　　　　　　　B．指示器型号

C．采集单元 ID　　　　　　　　　　　　 D．硬件版本号

答案：C

198．电缆外施信号型远传故障指示器的类型标识代码为（　　　）。

A．DJX　　　　　　B．DJW　　　　　　C．DYX　　　　　　D．DYW

答案：D

199．单台配电终端频繁误发遥信（　　　）条/天属于危急缺陷。

A．大于 1000　　　　　　　　　　　　　 B．500～1000

C．200～500　　　　　　　　　　　　　　D．50～1000

答案：A

200．自动化装置、配电终端发生误动属于（　　　）。

A．危急缺陷　　　　　　　　　　　　　　B．严重缺陷

C．普通缺陷　　　　　　　　　　　　　　D．一般缺陷

答案：A

201．配电线路故障指示器合理选择（　　　）等单相接地故障检测方法。

A．暂态录波　　　　　　　　　　　　　　B．外施信号

C．暂态特征　　　　　　　　　　　　　　D．稳态特征

答案：ABCD

202．配电终端操作系统一般有（　　　）等类型。

A．VxWorks　　　　　B．Linux　　　　　C．μC/OS-uII　　　　D．μCLinux

答案：ABCD

203．环网柜一、二次融合可分为（　　　）。

A．全绝缘充气柜　　　　　　　　　　　　B．半绝缘充气柜

C．固体绝缘柜　　　　　　　　　　　　　D．固体半绝缘柜

答案：ABC

204．配电设备一、二次融合特点有（　　　）。

A．设备坚固耐用　　　　　　　　　　　　B．设备小型化

C．终端安全防护加固　　　　　　　　　　D．安装运维便捷化

答案：ABCD

205. 一、二次融合设备在集中型模式时，具备（　　）。

A．相间短路故障和单相接地故障检测与告警

B．短路故障满足两段式（Ⅰ、Ⅱ）告警功能

C．两段定值和时间可设

D．以上都不是

答案：ABC

206. DTU/FTU 终端显示某开关遥信位置与实际位置不一致，原因可能是（　　）。

A．与主站通信问题

B．开关的辅助触点位置不对位

C．遥信电缆芯线问题

D．遥信板接触问题

答案：BCD

207. 造成某一个遥信值的遥信极性与现场设备始终相反的原因有（　　）。

A．动合节点错接成动断节点　　　　B．主站对该遥信取反

C．遥信板接触问题　　　　　　　　D．通道误码问题

答案：AB

208. "二遥"动作型（分界）终端可以实现配电自动化的功能有（　　）。

A．知停电　　　　B．少停电　　　　C．防停电　　　　D．不停电

答案：ABCD

209. 配电终端冲击电压可在交流工频电量输入回路和电源回路中施加于（　　）。

A．接地端和所有连在一起的其他接线端子之间

B．依次对每个输入线路端子之间，其他端子接地

C．电源的输入和大地之间

D．电源的输出和大地之间

答案：ABC

210. 暂态录波型故障指示器检测项目及检测要求中，电气性能试验的负荷电流误差应符合以下要求（　　）。

A．$0 \leq I < 300$ 时，测量误差为 $\pm 3A$

B．$0 \leq I < 300$ 时，测量误差为 $\pm 1\%$

C．$300 \leq I < 600$ 时，测量误差为 $\pm 1\%$

D．$300 \leq I < 600$ 时，测量误差为 $\pm 3A$

答案：AC

211. 馈线终端（FTU）"三遥"具备故障指示（　　）等复归功能，能根据设定时间或线路恢复正常供电后自动复归。

A．稳态复归　　　　　　　　　　　B．手动复归

C．自动复归   D．主站远程复归

答案：BCD

212．配电终端抗高频干扰的能力在正常工作大气条件下设备处于工作状态时，在（   ）施加规定的高频干扰，由电子逻辑电路组成的回路及软件程序应能正常工作。

A．信号输出回路   B．信号输入回路

C．交流电源回路   D．直流电源回路

答案：BC

213．暂态录波型故障指示器检测项目及检测要求中，功能试验远程配置和就地维护功能应具备（   ）。

A．短路、接地故障的判断启动条件

B．故障就地指示信号的复位时间、复位方式

C．故障录波数据存储数量和汇集单元的通信参数

D．采集单元故障录波时间、周期和汇集单元历史数据存储时间。

答案：ABCD

214．配电终端基本功能具备异常自诊断（   ）等功能。

A．失电告警   B．告警

C．远端对时   D．远程管理

答案：BCD

215．电缆型故障指示器采集单元和显示面板之间应采用（   ）或（   ）进行连接。

A．光纤   B．网线   C．一次设备信号   D．电缆

答案：AD

216．简易型终端不能实现的无功补偿控制功能有（   ）。

A．无功功率的自动跟踪补偿

B．跟踪负荷的无功功率状况

C．电容器的自动投切

D．支持三相共补、分补并联使用的混合补偿

答案：ABCD

217．配电终端的结构形式应符合现场安装的规范性和安全性，应（   ）。

A.具有统一的外观标识   B．采用模块化设计

C.具备唯一的 ID 号   D．有独立的保护接地端子

答案：ABCD

218．"二遥"标准型馈线终端的要求包括（   ）。

A．采集交流电压、电流

B．采集不少于 2 个遥信量

C．采取防误措施，过滤误遥信

D．具备不少于 1 个串行口和 1 个以太网通信接口

答案：ABCD

219．暂态录波型故障指示器检测项目及检测要求中，通信试验可通过配电主站对（　　）进行参数设置。

A．传输单元　　　　　　　　　　　B．采集单元

C．汇集单元　　　　　　　　　　　D．处理单元

答案：BC

220．配电终端应能通过（　　）等方式进行参数、定值的修改和读取。

A．本地　　　　　B．自动整定　　　　　C．程序计算　　　　　D．主站远程

答案：AD

221．"三遥"馈线终端的电能量计算功能包括（　　）。

A．正、反向有功电量计算　　　　　B．四象限无功电量计算

C．功率因数计算　　　　　　　　　D．反向有功电量功率因数计算

答案：ABC

222．暂态录波型故障指示器检测项目及检测要求中，电气性能试验的（　　）故障识别正确率应达到（　　）。

A．金属性接地，100%　　　　　　　B．小电阻接地，100%

C．弧光接地，80%　　　　　　　　　D．高阻接地（800Ω 以下），70%

答案：ABCD

223．运用智能配变终端优先开展（　　）等台区电源侧设备信息交互。

A．配电变压器　　　　　　　　　　B．低压开关

C．高压开关　　　　　　　　　　　D．无功补偿装置

答案：ABD

224．一、二次融合柱上开关设备可以实现（　　）。

A．线损采集　　　　　　　　　　　B．就地型馈线自动化

C．线路绝缘故障检测　　　　　　　D．单相接地故障检测

答案：ABD

225．一、二次融合柱上开关设备操作机构包括（　　）。

A．弹簧机构　　　　　　　　　　　B．液压机构

C．永磁机构　　　　　　　　　　　D．电磁机构

答案：ACD

226．一、二次融合设备线损采集功能目前应具备（　　）。

A．电能计量　　　　　　　　　　　B．实时量测量

C．计量数据冻结　　　　　　　　　D．实时计费

答案：ABC

227．配电终端基本构成包括测控单元、（　　）等几部分。

A．操作控制回路　　　　　　　　　B．人机接口

C．通信终端　　　　　　　　　　　　D．电源

答案：ABCD

228．开关就地操作部分包括（　　）。

A．分闸压板　　　　　　　　　　　　B．合闸压板

C．状态指示灯　　　　　　　　　　　D．合闸按钮

答案：ABCD

229．配电终端所配套的后备电源额定电压宜采用（　　）V。

A．12　　　　　　B．24　　　　　　C．36　　　　　　D．48

答案：BD

230．配电终端一般置于街边道旁，容易受到（　　）等影响。

A．外力破坏　　　　B．盗窃　　　　C．交通　　　　D．气象

答案：ABCD

231．配电自动化终端供电电源通信负载类别包括（　　）。

A．无线通信模块　　　　　　　　　　B．弹操机构

C．电磁机构　　　　　　　　　　　　D．Xpon

答案：AD

232．配电自动化终端进行供货前录波性能试验时，稳态录波电压基本误差为（　　）。

A．$0.05U_N \leqslant 5.0\%$，$0.1U_N \leqslant 2.5\%$　　　B．$0.05U_N \leqslant 10.0\%$，$0.1U_N \leqslant 5.0\%$

C．$0.5U_N \leqslant 1.0\%$，$1.0U_N \leqslant 0.5\%$　　　D．$1.5U_N \leqslant 1.0\%$

答案：ACD

233．在对馈线终端（FTU）"三遥"进行配电自动化终端供货前接口检查时，应（　　）。

A．采集不少于 2 个线电压量、不少于 3 个电流量和 1 个零序电压

B．采集不少于 2 个遥信量和不小于 1 路开关的分、合闸控制，且遥信电源电压不低于 DC 24V

C．采集不少于 2 个线电压量、不少于 4 个电流量和 1 个零序电压

D．具备不少于 1 个串行口和 2 个以太网通信接口

答案：ABD

234．在对馈线终端（FTU）"二遥"基本型进行配电自动化终端供货前接口检查时，应（　　）。

A．采集不少于 2 个线电压量、不少于 3 个电流量和 1 个零序电压

B．具备不少于 1 个串行口和 2 个以太网通信接口

C．具备至少 1 个串行口

D．具备汇集至少 3 组（每组 3 只）故障指示器遥信、遥测信息，并具备故障指示器信息的转发上传功能

答案：CD

235．在对馈线终端（FTU）"二遥"动作型进行配电自动化终端供货前接口检查时，

应（　　）。

  A．采集不少于 2 个线电压量和 1 个零序电压

  B．采集不少于 3 个电流量、不少于 2 个遥信量，且遥信电源电压不低于 DC 24V

  C．不少于 1 路开关的分、合闸控制

  D．具备不少于 1 个串行口和 1 个以太网通信接口

答案：ABCD

236．在对站所终端（DTU）"三遥"进行配电自动化终端供货前接口检查时，应（　　）。

  A．采集不少于 4 个母线电压和 2 个零序电压，且每回路至少采集 3 个电流量

  B．采集不少于 2 路直流量、不少于 20 个遥信量，且遥信电源电压不低于 DC 24V

  C．具备不少于 4 路开关的分、合闸控制、不少于 4 个可复用的 RS 232/RS 485 串行口和 2 个以太网通信接口

  D．采集不少于 6 个母线电压和 2 个零序电压，且每回路至少采集 5 个电流量

答案：ABC

237．在对站所终端（DTU）"二遥"标准型进行配电自动化终端供货前接口检查时，应（　　）。

  A．采集不少于 4 个母线电压和 2 个零序电压，且每回路至少采集 3 个电流量

  B．采集不少于 2 路直流量、不少于 20 个遥信量，且遥信电源电压不低于 DC 24V

  C．采集不少于 2 路直流量、不少于 12 个遥信量，且遥信电源电压不低于 DC 24V

  D．具备不少于 2 个串行口和 1 个以太网通信接口

答案：ACD

238．在对配变终端（TTU）进行配电自动化终端供货前接口检查时，应（　　）。

  A．采集不少于 3 个电压量

  B．采集不少于 3 个电流量

  C．具备 2 个串行口，并内置 1 台无线通信模块

  D．每回路至少采集 5 个电流量

答案：ABC

239．测得某线路二次功率值为实际二次值的一半，其原因是（　　）。

  A．TV 电压缺相   B．某相电流被短接

  C．变送器辅助电源   D．DTU 装置死机

答案：AB

240．电压时间型智能分段真空负荷开关成套装置功能有（　　）。

  A．无压分闸   B．有压延时合闸

  C．闭锁分闸   D．闭锁合闸

答案：ABCD

241．电流异常主要是遥测电流异常，包括（　　）现象。

  A．出线电流之和与进线总电流不相等

81

B. 电流缺相

C. 无电流（TA 断线）

D. 电流数值不对（遥测电流数值偏高或偏低）

答案：ABCD

242. 配电终端现场调试应核对（　　　）信息内容。

A. TV 厂家和变比系数　　　　　　　　B. 设备厂家

C. 设备名称和安装位置　　　　　　　　D. 通信参数和电表

答案：BCD

二、判断题

1. 阀控铅酸蓄电池运行到使用寿命的一半时，需适当减少测试的频次。　　　（错）

2. 环境湿度过高，会在蓄电池表面结露，容易出现短路。　　　　　　　　　（对）

3. 蓄电池的定期活化可提高蓄电池使用寿命。　　　　　　　　　　　　　　（对）

4. 蓄电池内阻超过额定内阻值 30% 应进行活化或充、放电处理。　　　　　　（错）

5. 蓄电池是以全浮充电方式运行。　　　　　　　　　　　　　　　　　　　（对）

6. 一、二次融合柱上开关设备的馈线终端模拟小信号回路需要做绝缘电阻试验。（错）

7. 一、二次融合设备电能采集支持分时计量。　　　　　　　　　　　　　　（对）

8. 一、二次融合设备能够减少合闸弹簧能量的 30%。　　　　　　　　　　　（对）

9. 一、二次设备融合软件"三统一"为功能实现、通信规约、检修工具。　　（错）

10. 一、二次设备融合硬件"四统一"为面板外观、安装尺寸、运行指示、压板标识。

（错）

11. 一、二次融合要求 DTU 单元柜与开关的连接电缆双端预制，设备不支持热拔插，不同厂家航空插头可互换。　　　　　　　　　　　　　　　　　　　　　　（错）

12. 合闸回路正确动作过程如下：在断路器控制电源和断路器常开辅助触点正常的情况下，合闸时，合闸回路瞬时导通，合闸线圈因承受电压而励磁，启动电操机构，开关动作。　　　　　　　　　　　　　　　　　　　　　　　　　　　　　　　　　（错）

13. "三遥"馈线终端应具备电能量数据冻结功能，包括定点冻结、月冻结、功率方向改变时的冻结数据。　　　　　　　　　　　　　　　　　　　　　　　　　　（错）

14. 由测量仪表、继电器、控制及信号器等设备连接成的回路称为二次回路。　（对）

15. 远方终端 DTU 的功能包括信号采集与处理功能、故障检测与保护功能、控制功能、对时功能、通信功能、SOE 功能以及定值的远方修改和召唤功能等。　　　　（对）

16. 站所自动化终端是安装在配电网开关站、配电室、环网柜、箱式变电站等处的配电终端。　　　　　　　　　　　　　　　　　　　　　　　　　　　　　　　　（对）

17. 站所自动化终端的人机接口必须包括液晶面板。　　　　　　　　　　　（错）

18. 暂态录波型故障指示器能够识别短路和接地故障。　　　　　　　　　　（对）

19．一般而言，要求终端采用以无线通信方式接入时具备通信状态监视及通道端口故障监测。采用以太网通信方式接入主站时具备监视模块状态、SIM 卡状态、无线信号监视等功能。　　　　　　　　　　　　　　　　　　　　　　　　　　　　　（错）

20．终端本体故障可能是终端应用程序，遥测采样板故障或者 CPU 板故障引起的，处理终端本体故障应按照先硬件后软件、先核心板件后采样板件的原则进行。　　（错）

21．遥信根据产生的原理不同分为实遥信和虚遥信。　　　　　　　　　　　（对）

22．实遥信通常由配电终端根据所采集数据通过计算后触发，一般反映设备保护信息、异常信息等。　　　　　　　　　　　　　　　　　　　　　　　　　　　　　（错）

23．实遥信通常由电力设备的辅助接点提供，辅助接点的开/合直接反映出该设备的工作状态。　　　　　　　　　　　　　　　　　　　　　　　　　　　　　　　　（对）

24．当辅助触点闭合时，终端开入点采集到正电，终端显示为"0"，反之为"1"。（错）

25．配电终端应采取防误措施，过滤误遥信，软件防抖动时间应在出厂时固化为 200ms。　　　　　　　　　　　　　　　　　　　　　　　　　　　　　　　　　（错）

26．遥信异常抖动若不及时加以去除，会造成系统的误遥信。　　　　　　　（对）

27．正常运行时，受控站内的断路器应具备远方操作条件，运行或热备用状态时，其遥控方式应置于"远方"位置。　　　　　　　　　　　　　　　　　　　　　　（对）

28．站所终端（DTU）通过通信方式接收状态监测、备自投等其他装置数据时，应采用 MODBUS 或 DL/T 634.5103 等通信协议。　　　　　　　　　　　　　　　　（错）

29．架空外施信号型远传故障指示器采集单元代码为 JYW-FF-HX。　　　（错）

30．TV 柜无输出电压时，应首先检查 TV 二次熔丝是否熔断。　　　　　　（错）

31．RTU 是配电终端。　　　　　　　　　　　　　　　　　　　　　　　（错）

32．TTU 具备遥控功能。　　　　　　　　　　　　　　　　　　　　　　（错）

33．配电自动化系统中 TTU 代表馈线终端。　　　　　　　　　　　　　　（错）

34．采用太阳能板供电的汇集单元电池充满电后额定电压不低于 DC 12V。采用 TA 取电的汇集单元电池额定电压应不低于 DC 6V。　　　　　　　　　　　　　　　（错）

35．成套柱上开关电缆上接电源 TV 的电缆破口需做防水浸入处理，安装时做下 U 型固定。　　　　　　　　　　　　　　　　　　　　　　　　　　　　　　　　（错）

36．柱开成套设备控制电缆控制器侧要做下 U 型固定，防止雨水顺电缆灌入插头。　　　　　　　　　　　　　　　　　　　　　　　　　　　　　　　　　　　（对）

37．巡视人员发现开关存在威胁安全运行且不停电难以消除的缺陷时，应及时报告并申请停电检修处理。　　　　　　　　　　　　　　　　　　　　　　　　　　　　（对）

38．柱上开关遥控拒动故障，应先检查开关分、合闸是否到位和储能是否良好，如都无问题，则为开关内部触点问题，需要更换开关进行修复。　　　　　　　　　　（对）

39．配电终端常用的后备电源多采用免维护锂电池。　　　　　　　　　　　（错）

40．箱式结构配电终端电源及信号接线均经由其箱体内的导线直接连接。　　（错）

41．配电终端无法通过远方通信口对设备进行参数维护。　　　　　　　　　（错）

42．配电终端应具有明显的线路故障状态终端状态和通信状态等就地状态指示信号。（对）

43．遥信动作阈值应合理设置，保证低于 30%的额定电压时，遥信可靠不动作，高于 70%的额定电压时，遥信应可靠动作。 （对）

44．配电终端版本号的第 1～2 位为英文字母 HV，代表硬件版本。 （对）

45．配电终端应至少具备 2 路以太网、2 路 RS-485、2 路 RS-232/RS-485 可切换串口、1 路 RS-232 调试维护串口。 （对）

46．配电终端箱体内要求配置接地铜排，内部设备接地线直接可靠接引至箱体接地。 （错）

47．配电终端箱体下方应预留各种测量控制线缆进线空间，便于搬运。 （错）

48．遥信与遥控回路通常共用同一根二次连接线。 （错）

49．测量回路是用来采集和指示一次电路设备运行状态的二次回路。 （错）

50．遥信、遥测、遥控端子须按路数设置共同的端子板。 （错）

51．"预置成功"，主站也下发了"执行"命令，但被控设备没有反应，可能原因是远方退出。 （错）

52．暂态录波型远传故障指示器仅在同母线馈线主要为架空线路的情况下适用。（对）

53．自动化开关之间、远传型故障指示器之间可加装就地型故障指示器，进一步缩小故障定位区间。 （对）

54．箱式 FTU 配电线损采集模块采用导轨安装方式。 （对）

55．针对配电自动化实际应用，规定蓄电池远方活化操作和遥控软压板的控制使用标准遥控指令进行操作，即蓄电池活化启动/停止及遥控软压板投入/退出分别对应遥控的合闸/分闸操作。 （对）

56．配电终端宜优先直接接入主站；若需配置子站，应根据配电网结构、通信方式、终端数量等合理配置。 （对）

57．配电终端应支持对软件包合法性校验。软件包被破坏后，程序应启动失败。（对）

58．为推进一、二次融合工作，配电开关应全面集成配电终端、电流互感器、电压传感器、电能量单向采集模块等。 （错）

59．为加强设备质量管控，配电终端、线路故障指示器、智能配变终端、一、二次成套开关等设备必须通过中国电科院组织的专项检测。 （对）

60．故障指示器在线路永久性故障恢复后上电自动延时复位，瞬时性故障后按设定时间复位或执行主站远程复位。 （对）

61．要求配电终端上电、断电、电源电压缓慢上升或缓慢下降的，均不应误动或误发信号，当电源恢复正常后应自动恢复正常运行。 （对）

62．配电终端结构体应有足够的强度，外物撞击造成的变形不应影响其正常工作。（对）

63．故障指示器短路告警事件的停电范围分析算法是以靠近电源点最近的一个故障指示器短路告警事件为起始设备，往下分析停电范围。 （对）

64．单相接地故障发生时，配电终端装置可以主动上送录波文件。 （错）

65．配电终端密码管理，终端口令长度不低于 8 位，要求有数字、字母和符号组合，禁止采用厂商提供的初始终端口令。 （对）

66．配电自动化终端（简称配电终端）是安装在配电网的各种远方监测、控制单元的总称，完成数据采集、控制、通信等功能。 （对）

67．配电终端宜具备基于 DL/T 860 标准（IEC 61850）的自描述功能，满足即插即用等要求。 （对）

68．DTU 接口应采用航空插头或端子排的连接方式。 （对）

69．二次电缆的屏蔽层接地应使用不小于 4mm² 的黄绿单股软铜线。 （错）

70．配电自动化二次电缆通常采用铠装屏蔽电缆和多股软铜线。 （错）

71．FTU 连接 TV 的二次电缆剥去防护层的部分应完全插入二次盒内，并用胶套固定，用玻璃胶封堵，确保 TV 二次电缆不浸水。 （对）

72．遥控的过程分为选择、返校、执行或撤销。 （对）

73．若配电终端后备电池损坏，更换时不可直接进行锂电池和铅酸电池的互换。（对）

74．事故总信号用以区别正常操作与非正常操作，对调度员监视电网运行十分重要。

（错）

75．SOE 记录的时间由主站记录，因此分辨率更高。 （错）

76．SOE 的重要功能就是要正确辨别电网故障时各类事件发生的先后顺序，为电网调度运行人员的正确处理事故、分析和判断电网故障提供重要手段。 （对）

77．配电终端检修时，允许带电插、拔板件。 （错）

78．配电终端检修时，应避免直接接触板件管脚导致静电或电容器放电引起的板件损坏。 （对）

79．配电终端二次回路变动时，应严防寄生回路存在，对没有用的线应拆除、拆下的线应接上。 （对）

80．当有功功率、无功功率、功率因数显示异常时，单从电压、电流数值上无法判断，可能是电压、电流相序问题。 （对）

81．配电终端电源失电后保存数据可能丢失。 （错）

82．超级电容器作为后备电源时，应具备定时、手动、远方活化功能。 （错）

83．电流互感器（TA）取电是配电终端供电方式之一。 （对）

84．蓄电池寿命应不少于 4 年。 （错）

85．超级电容寿命应不少于 15 年。 （错）

86．配电终端（不含电源）的使用寿命应为 8～10 年。 （对）

87．开关位置状态量必须采用无源空触点接入方式。 （对）

88．设备完成调试后，在出厂前进行不少于 24h 连续稳定的通电试验，交直流电压为额定值，各项性能均应符合要求。 （错）

89．发生一般缺陷时，运行维护部门应酌情考虑列入检修计划并尽快处理。 （对）

90．供电电源采用交流 220V 供电或电压互感器供电时，电压标称值应为三相 220V 或

110V（100V）。 （错）

91．装置配套电源应能独立满足配电终端、配套通信模块、开关电动操作机构单独运行的要求。 （错）

92．馈线终端底部上具备外部可见的运行指示灯和线路故障指示灯：指示灯为绿色，运行正常时常亮，异常时闪烁。 （错）

93．馈线终端线路故障指示灯为黄色，故障状态时闪烁，闭锁合闸时常亮，非故障和非闭锁状态下熄灭。 （错）

94．无线通信模块支持端口数据监视和配置功能，包括监视当前模块状态、IP 地址、模块与无线服务器之间的心跳和模块与终端之间的心跳等。 （错）

95．无线通信模块具备网络中断自动重连功能。 （对）

96．配电终端与主站建立连接时间应小于 30s。 （错）

97．"三遥"馈线终端电流输入标称值为 5A，要求至少采集 4 个电流量。 （错）

98．"三遥"馈线终端有功电量计算精度为 0.5 级，无功电量计算精度为 2 级。 （错）

99．"二遥"标准型馈线终端具备不少于 4 个串行口和 1 个以太网通信接口。 （错）

100．配电终端电源回路应按电压等级施加冲击电压。额定电压大于 60V 时，应施加 1kV 试验电压；额定电压不大于 60V 时，应施加 2kV 试验电压。 （错）

101．分段/联络负荷开关成套功能具备正向闭锁合闸功能，若开关合闸之前在设定时间内掉电或出现瞬时残压，则反向闭锁合闸，反向送电开关不关合。 （错）

102．分段/联络负荷成套开关具备接地故障就地切除选线功能，若开关负荷侧存在接地故障，开关延时跳闸，间接选出接地故障线路。 （错）

103．配电终端的"越限类"参数包括低电压参数、过电压参数、重载参数和过载参数。 （对）

104．根据监控对象的不同，配电终端分为馈线终端、站所终端和配变终端等三大类。 （对）

105．馈线终端与站所终端均可以分为"二遥""三遥"终端。 （对）

106．站所终端安装在变电站、环网柜、开关站、配电所、箱式变电站内，通常有集中式和分布式两种结构。 （错）

107．无论馈线采取何种类型开关，要实现配电网故障处理，配电终端必须具备可靠的备用电源。 （错）

108．配电自动化系统根据配电终端接入规模或通信通道的组织架构，一般可采用两层（即主站—终端）或三层（主站—终端—子站）结构。 （错）

109．故障指示器应具备唯一硬件版本号、软件版本号、类型标识代码、ID 号标识代码和二维码。 （对）

110．线路负荷电流不小于 10A 时，指示器采集单元电流互感器取电 5s 内应能满足全功能工作要求。 （对）

111．配电自动化终端无需具备遥调功能。 （对）

112．动作型终端是指用于配电线路遥测、遥信及故障信息监测的配电终端，能实现就地故障自动隔离并通过无线公网、无线专网等通信方式上传。　　　　　　（对）

113．标准型"二遥"终端是指用于配电线路遥测、遥信及故障信息监测的配电终端，能实现就地故障自动隔离与动作信息主动上传。　　　　　　　　　　　　　　（错）

114．基本型终端是指用于采集或接收由故障指示器发出的线路遥信、遥测信息的配电终端，能通过无线公网或无线专网方式上传。　　　　　　　　　　　　　　（对）

115．配电线路故障指示器按安装位置分类分为架空型和电缆型。　　　　　（对）

116．配电线路故障指示器按通信方式分类分为就地型和远传型。　　　　　（对）

117．配电终端是安装在二次设备运行现场的自动化装置，根据具体应用对象选择不同的类型。　　　　　　　　　　　　　　　　　　　　　　　　　　　　　　（错）

118．智能配变终端 SYS 灯状态为绿色快闪，表示设备正常运行。　　　　　（错）

119．智能配变终端发出低温告警后，如果温度恢复正常，系统将不会发布低温告警恢复事件。　　　　　　　　　　　　　　　　　　　　　　　　　　　　　　　（错）

120．环网柜配套的集中式 DTU 屏柜应采用遮蔽立式结构。　　　　　　　（对）

121．一、二次融合环网柜采用电磁式电压互感器时，其相电压变比为（10kV/$\sqrt{3}$）：（0.1kV/$\sqrt{3}$）。　　　　　　　　　　　　　　　　　　　　　　　　　　　　（对）

122．一、二次融合成套环网柜电气闭锁应单独设置电源回路，且与其他回路独立。（对）

123．电子式电流传感器不能开路运行。　　　　　　　　　　　　　　　　　（错）

124．配电终端外接端口采用航空接插件时，电流回路接插件应具有自动短接功能。（对）

125．配电线路正常运行时，取电 TA 开路电压尖峰值宜不大于 300V，否则应加装开路保护器。　　　　　　　　　　　　　　　　　　　　　　　　　　　　　　　（对）

126．环网柜二次部分 DTU 和箱式 FTU 禁止使用裸露型端子排。　　　　　（对）

127．"三遥"站所终端具备单相接地/相间短路故障检测功能，并能够在发生故障时直接隔离故障。　　　　　　　　　　　　　　　　　　　　　　　　　　　　　　　（对）

128．"三遥"站所终端具备开关远程控制功能。　　　　　　　　　　　　　（对）

129．"三遥"站所终端具备双位置遥信处理功能，支持遥信变位优先传送。　（对）

130．"三遥"站所终端具备线路有压鉴别功能。　　　　　　　　　　　　　（对）

131．"二遥"标准型站所终端具备负荷越限等告警上送功能。　　　　　　　（对）

132．"二遥"动作型站所终端不具备开关就地控制功能。　　　　　　　　　（错）

133．"二遥"动作型站所终端具备故障动作功能的现场投退。　　　　　　　（对）

134．"二遥"馈线基本型终端应具备现场带电安装、拆卸条件。　　　　　　（对）

135．"二遥"馈线基本型终端宜采用内置式锂电池供电，并可采用太阳能等方式充电。　　　　　　　　　　　　　　　　　　　　　　　　　　　　　　　　　　　（对）

136．"二遥"配电站所终端又可分为基本型终端、标准型终端和动作型终端。　（错）

137．TA、TV 安装完成后，需严格防止 TA 开路和 TV 短路。　　　　　　（对）

138．RAM 空间不小于 16KB，Flash 擦写次数不低于 10 万次，数据保持时间不低于

20 年。 （错）

139．安装在户内的配电终端防护等级不得低于 GB/T 4208 规定的 IP 20 要求。 （对）

140．标准型智能配变终端结构尺寸不大于 150 mm（宽）×120 mm（高）×75 mm（深）。
（错）

141．采集单元定时发送信息给汇集单元，汇集单元在 10min 内没有收到采集单元信息，即视为通信异常。采集单元与汇集单元通信故障时应能将报警信息上送至配电主站。
（对）

142．采集单元非充电电池额定电压应不小于 DC 3.6V。在电池单独供电时，最小工作电流应不大于 80μA。 （对）

143．采集单元应支持实时故障、负荷等信息召测，同时并能根据工作电源情况定期或定时上送至汇集单元。 （对）

144．采集单元重量不大于 1.5kg，悬挂安装的汇集单元重量不大于 1.0kg。 （错）

145．采用配电终端与终端一体化设计，同时配电终端防护等级满足 IP 55 及以上来规避户外运行条件恶劣问题。 （错）

146．常见的电源回路异常主要包括主电源回路异常和后备电源异常。 （对）

147．常开接点是指继电器线圈在不通电或通电不足时断开的接点。 （对）

148．厂站终端设备在同一时刻只允许接受一个主站的控制命令。 （对）

149．充电模块有浮充和均充两种工作状态。 （对）

150．处理直流故障时，允许使用灯泡寻找的方法。 （错）

151．当 DTU 选择闭锁操作方式时，就地也不能操作。 （对）

152．当 FTU 用于变电站出线断路器的监控时，通常配备Ⅲ段电流保护、零序电流保护、反时限电流保护和失压保护等。 （对）

153．当终端类为电压时间型"二遥"动作型终端时，仅当终端闭锁状态时故障告警指示灯闪烁，非闭锁状态下指示灯熄灭。 （对）

154．电池工作正常时色卡显示白色，电池低电量时色卡显示红色。 （错）

155．FTU 可采用 50M 包月流量，DTU 采用 30M 包月流量。与运营商协商在后台做相应设置，如 SIM 卡数据流量即将超过限额发出告警。 （错）

156．对于处于地下等通信信号较弱的站所以及中压电缆分支箱，可安装远传型故障指示器。 （错）

157．对于环网柜的环进、环出间隔，均需安装故障指示器。 （错）

158．分界断路器成套设备主要由断路器本体、控制单元、TA 和连接电缆组成。（错）

159．对于交流工频电量，在过量输入情况下应满足其等级指数的要求：对被测电流、电压施加标称值的 120%，施加时间为 72h，所有影响量都应保持其参比条件；在连续通电 72h 后，交流工频电量测量的基本误差应满足其等级指数要求。 （错）

160．对于外施信号型故障指示器，母线型外施信号发生装置安装在变电站的 10kV 母线中性点上。 （错）

161. "二遥"型终端中的"二遥"是指遥信和遥测。 （对）

162. 分布 DTU 集测量、保护、控制、通信多种功能一体。 （对）

163. 故障指示器采集单元报警指示灯应采用不少于 4 只超高亮 LED 发光二极管，布置在采集单元正常安装位置的下方，地面 360° 可见。 （错）

164. 故障指示器采集单元和汇集单元的防护等级都应不低于 IP 67。 （错）

165. 故障指示器采集单元卡线结构件经 50 次装卸应仍能卡扣到位且不变形，不影响故障检测性能。 （对）

166. 故障指示器采用小型化、低功耗、免维护、高可靠的设计理念。 （对）

167. 故障指示器电杆固定安装汇集单元电源回路与外壳之间的绝缘电阻不小于 $5M\Omega$（使用 250V 绝缘电阻表，额定绝缘电压 U_i 不超过 60V）。 （对）

168. 故障指示器供货前，需进行供货前全面检测。 （错）

169. 故障指示器供货前的抽检项目比到货后的全检项目少。 （错）

170. 故障指示器汇控单元具有两个无线通信接口，分别接入故障指示器和主站。（对）

171. 故障指示器录波启动条件包括电流突变、相电场强度突变等，应实现同组触发和阈值可设。 （对）

172. 故障指示器平均无故障时间（MTBF）不小于 70000h。 （对）

173. 故障指示器外观应整洁美观、无损伤或机械形变，内部元器件和部件固定应牢固，封装材料应饱满、牢固、光亮、无流痕、无气泡。 （对）

174. 故障指示器外壳应采用抗紫外线、抗老化、抗冲击和耐腐蚀材料，应有足够的机械强度，能承受使用或搬运中可能遇到的机械力，并满足长期户外应用免维护要求，但不需要考虑阻燃的因素。 （错）

175. 故障指示器应具备环存储不少于 1024 条 LOG 事件记录的功能。 （对）

176. 故障指示器应能承受 5 级阻尼振荡磁场抗扰度，其磁场强度为 100A/m。 （对）

177. 故障指示器指示单元工作电源主要依靠线路感应取电，在负荷较低的线路上能正常工作。 （错）

178. 汇集单元应能将 3 只采集单元上送的故障信息和波形合成为一个波形文件并标注时间参数上送给主站，时标误差小于 500μs。 （错）

179. 汇集单元支持通过无线公网远程升级，采集单元支持接收汇集单元远程程序升级，升级前后应功能兼容。 （对）

180. 发生单相接地故障时，基于不对称电流法的故障指示器检测到电流信号与中电阻投切产生的电流信号特征相符，且波形属于不对称的半波信号时，故障指示器告警。（对）

181. 简易型智能配变终端结构尺寸不大于 300mm（宽）×180mm（高）×200mm（深）。 （错）

182. 配电终端具备历史数据循环存储功能，要求应循环存储不少于 30 条的遥控操作记录，采用文件传输方式上送最新 30 条操作记录。 （对）

183. 断路器弹簧未储能属于终端部分的危急缺陷。 （对）

184．历史数据文件分定时、极值、遥控、遥测等文件类型。　　　　（错）

185．录波文件包括 cfg 和 dat 文件。　　　　　　　　　　　　　（对）

186．录波文件采用文件传输方式。　　　　　　　　　　　　　　（对）

187．路由器上电后，如果系统终端显示乱码，可能由配置终端参数设置错误引起。

　　　　　　　　　　　　　　　　　　　　　　　　　　　　　（对）

188．某终端的软件版本号为 SV56.023，表示软件版本号为 56.023。　（对）

189．配变终端到货抽检需进行的检测项目有一般检查、电源及电源影响、通信与通信协议、功能试验、性能试验和环境试验。　　　　　　　　　　　　　（错）

190．配变终端电源供电方式应采用低压三相四线供电方式，可缺相运行。　（对）

191．配变终端具备 2～15 次谐波分量计算和三相不平衡度的分析计算功能。　（错）

192．配变终端具备越限、断相、失压、三相不平衡和停电等告警功能。　（对）

193．配变终端应具备不少于 2 个串行接口，并内置 1 台无线通信模块。　（对）

194．配电二次回路主要巡视内容包括检查二次端子有无发热、损坏和老化现象，二次接线有无松动、飞线，以及接地线有无松动、脱落等。　　　　　　　　（对）

195．配电线路故障指示器型号代码由类型标识代码和厂商自定义代码两部分组成。

　　　　　　　　　　　　　　　　　　　　　　　　　　　　　（对）

196．配电终端的遥控类参数包括分闸输出脉冲保持时间和合闸输出脉冲保持时间。

　　　　　　　　　　　　　　　　　　　　　　　　　　　　　（对）

197．配电终端的遥信、遥控调试分为就地调试和与配电主站直接联调两种。　（对）

198．配电终端电源接地情况下，两相对地电压达 1.9 倍的标称电压且维持在 5h 以内的，终端不应出现损坏。　　　　　　　　　　　　　　　　　　　（错）

199．配电终端故障录波数据，暂态性能中最大峰值瞬时误差应不大于 5%。　（错）

200．配电终端和加密芯片采用 SPI 通信，稳定通信速度不低于 3Mbit/s。　（错）

201．配电终端接受并执行主站系统下方的对时命令，无线通信方式对时精度应不大于 10s。　　　　　　　　　　　　　　　　　　　　　　　　　（对）

202．配电终端具备对时功能，但不支持规约对时方式。　　　　　　（错）

203．配电终端软件版本参数只支持主站查询，不支持修改该参数。　（对）

204．配电终端现场检验所使用的仪器、仪表必须通过合格检验。　　（对）

205．现场运维终端包括现场运维手持设备和现场配置终端等设备。　（对）

206．配电终端现场缺陷主要集中在通信、电源以及开关机构及二次回路等环节。（对）

207．配电终端遥测上送时通常采取定时上送加变化上送的方式进行传输。　（对）

208．配电终端因失去电源停止工作时，在供电恢复正常后需要手动重启。　（错）

209．配电终端内应集成安全芯片，芯片支持 X.509 标准格式以及 SM2 数字证书的解析功能、SM1 数据加密和解密功能、SM2 算法的签名和鉴签功能、SM1 算法公私密钥对的产生功能、消息认证码 MAC 计算和验证功能。　　　　　　　　　（错）

210．配电终端应具备接入一次设备状态在线监测终端的能力。　　　（对）

211．配电终端主供电源和备用电源应做到 0s 切换，切换时不应发生终端重启情况。
（对）

212．配电终端应循环存储不少于 2048 条 TCOS 记录。　　　　　　　　（错）

213．配电终端应有独立的保护接地端子，接地螺栓直径不小于 6mm，并可以和大地牢固连接。
（对）

214．配电终端硬加密芯片型号为 SC1061Y。　　　　　　　　　　　（错）

215．配电终端直接和公用电网、工厂或电厂的低压供电网连接时，在电压突降（ΔU）100%、电压中断 1s 的条件下应能正常工作，设备各项性能指标满足要求。　（错）

216．配电终端状态量用两位码表示时，闭合对应二进制码"10"，断开对应二进制码"01"。
（对）

217．"三遥"馈线终端应具备不少于 2 个串行口和 2 个以太网通信接口。　　（对）

218．为使遥信响应速度提高，发生遥信变位后，应立即插入遥信信息帧。　　（对）

219．箱式 FTU 配电线损采集模块接口要求：电流接口采用 6 芯 7.62mm 间距接线端子，电压接口采用 4 芯 7.62mm 间距插拔式接线端子，电源接口采用 2 芯 7.62mm 间距插拔式接线端子，通信接口采用 2 芯 5.08mm 间距插拔式接线端子，脉冲接口采用 4 芯 5.08mm 间距插拔式接线端子。
（错）

220．遥测数据的采集过程是对模拟量进行采集，即将现场模拟量转换为直流信号或直接进行离散采样后再经 D/A 转换将其转换为二进制数据，经处理后发送到主站。（错）

221．遥控功能在调试、运行时常遇到的异常现象包括遥控选择不成功和遥控执行不成功。
（对）

222．遥控拒动属于配电自动化系统的一般缺陷。　　　　　　　　　　（错）

223．遥控误动是严重缺陷。　　　　　　　　　　　　　　　　　　　（错）

224．遥控执行继电器动作但端子排无输出时，应检查遥控回路接线是否正确。（对）

225．遥控联调时应后执行手控操作，确保测控装置以及遥控回路没有问题。（错）

226．遥信信息采集功能调试时应防止信号接线错接到遥控端子。　　　　（对）

227．硬压板是物理开关，闭合后仅允许当地手动控制，打开后可以接受远方控制。（错）

228．在正常试验大气条件下，设备的被试部分应能承受规定的 50Hz 交流电压下 30s 绝缘强度试验，无击穿、无闪络现象。
（错）

229．暂态录波型故障指示器采集单元应采用容量不低于 8.5Ah、电压不低于 3.6V 的非充电电池作为后备电源。
（对）

230．终端设备支持多种对时方式，内部有个位码开关进行选择。　　　　（对）

231．不允许一套独立保护的任一回路接到由另一独立保护的专用直流正、负电源上。
（对）

232．继电保护和安全自动装置技术要求支持以遥控方式进行定值区切换操作。（错）

233．后备电源能保证终端运行一定时间，超级电容可保证分闸操作并维持配电终端及通信模块至少运行 15min。
（对）

234．保护、测控合二为一的测控装置电源宜分为装置电源和控制电源两种，独立测控装置的电源仅配置装置电源。 （对）

235．电压时间型分段负荷开关正常运行时操作杆应置于手动状态。 （错）

三、问答题

1．暂态录波型故障指示器远程配置和就地维护有哪些？

答：暂态录波型故障指示器远程配置和就地维护有：

（1）短路、接地故障的启动条件判断；

（2）故障就地指示信号的复位时间和复位方式；

（3）故障录波数据存储数量和汇集单元的通信参数；

（4）采集单元上送数据至汇集单元的时间间隔和汇集单元上送数据至主站的时间间隔；

（5）采集单元故障录波时间、周期和汇集单元历史数据存储时间；

（6）汇集单元、采集单元备用电源投入与告警记录，具备自诊断功能，应能检测自身的电池电压，当电池电压低于一定限值时，上送低电压告警信息；

（7）汇集单元支持通过无线公网远程升级，采集单元支持接收汇集单元远程程序升级，升级前后应功能兼容。

2．简述配电自动化终端的定义。

答：配电自动化终端（简称配电终端）是安装在配电网的各类远方监测、控制单元的总称，完成数据采集、控制和通信等功能。

3．配电线路故障指示器供货前检测防误动功能时，具体检测故障指示器的哪些防误动功能？

答：具体检测故障指示器的防误动功能有：

（1）负荷波动不应误报警；

（2）变压器空载合闸涌流不应误报警；

（3）线路突合负载涌流不应误报警；

（4）人工投切大负荷不应误报警；

（5）非故障相重合闸涌流不应误报警。

4．在配电物联网中，边缘计算终端的作用与职责是什么？

答：边缘计算终端是配电物联网边层中数据汇聚、边缘计算和应用集成的中心，主要包括新型智能配变终端、新型 DTU、新型 FTU 等核心装置。边缘计算终端是信息节点与物理节点的融合，同时具备采集、通信、计算和分析功能。对下实现数据全采集、全管控，对上与云化主站实时交互关键运行数据。为满足实时快速响应需求、减少主站计算压力、弱化对主站的高度依赖，终端采用"边缘计算"技术，就地化实现所管控区域运行状态的在线监测、智能分析与决策控制，同时支持与云化主站的计算共享与数据交互。

5．在配电物联网中，感知层终端的作用与职责是什么？

答：感知层终端是配电物联网架构中的感知主体和构建配电物联网海量数据的基础，主要包括各种类型的传感节点，如环境监测感知设备、电气量量测保护控制设备，还包括分布式能源、智能电表、电动汽车充电设备、能效监测终端、智能路灯等各类用电基础设施。根据其功能不同，可分为核心节点和末端节点。核心节点是配电物联网端层中数据汇合的核心联络点，其核心功能包括数据汇总和数据转发；感知节点是配电物联网最底层的基础数据感知源，其核心功能是智能监测、全面感知和控制保护等。

6．某 DTU 装有电流保护，电流互感器的变比是 200A/5A，电流保护整定值是 4A，如果一次电流整定值不变，将电流互感器变比改为 300A/5A，应整定为多少安培？

答：原整定值的一次电流为 4×（200/5）＝160（A）。

当电流互感器的变比改为 300/5 后，其整定值 I_{set}＝160÷（300/5）＝2.67（A）。

7．某站所终端现场信号核对做第一路过程中，主站人员反馈收到信号与现场人员所说不一致（开关名称不一致、信号内容不一致）应如何排查？

答：排查步骤如下：

（1）排查终端在线情况，通信相关参数，如名称与 IP 一致性等；

（2）排查现场开关名称、PMS、自动化系统图形资料是否一致；

（3）排查终端信息表与主站数据库信息表配置情况；

（4）排查现场二次回路接线情况；

（5）排查开关位置节点。

8．简述配电网自动化的构成。

答：配电自动化系统是可以使配电企业在远方实时监视、协调和操作配电设备的自动化系统，其中包括配电网 SCADA 系统、配电地理信息系统和需方管理系统。配电网 SCADA 系统又包括进线监控、开关站自动化、变电站自动化、馈线自动化、变压器巡检与无功补偿等。需方管理系统则包括负荷监控与管理系统则和远方抄表与计费自动化。

9．如果独立零序 TA 电缆屏蔽层接地线接线错误将引起什么问题？

答：独立零序 TA 电缆屏蔽层接地线接线错误引起的问题有：

（1）电缆屏蔽层接地线未穿过零序 TA。单相接地时，电缆屏蔽层的零序电流将抵消部分实际零序电流，引起零序采样值较小，保护拒动。

（2）电缆屏蔽层接地线反向穿过零序 TA。屏蔽层零序电流与实际零序电流叠加，引起零序采样值较大，保护误动。

10．零序电流采集采用三相合成方式时，二次回路如何接线？零序电流采用单独零序 TA 时，电缆屏蔽层接地线应如何处理？

答：采用三相合成方式时，三相采样公共端应接入零序采样回路。采样独立零序 TA 时，电缆屏蔽层接地线应正向穿过零序 TA。

11．配电终端的巡视内容有哪些？

答：配电终端的巡视内容有：

（1）终端箱有无锈蚀、损坏，标识、标牌是否齐全，终端箱门是否变形等异常现象；

（2）TV 外观有无异常；

（3）电缆进出孔封堵是否完好；

（4）二次接线有无松动；

（5）设备的接地是否牢固可靠；

（6）配电终端运行指示灯有无异常；

（7）蓄电池是否有漏液、鼓包现象，对活化时间明显减少的蓄电池进行容量核对试验；

（8）终端对时是否准确等情况。

12．配电终端的接口有哪些要求？

答： 配电终端的接口形式和定义应保持一致，应满足：

（1）FTU 接口应采用航空插头的连接方式，航空插头的管脚定义应符合标准化图纸要求；

（2）DTU 接口应采用航空插头或端子排的连接方式，航空插头或端子排的定义应符合标准化图纸要求；

（3）DTU 通过通信方式接收状态监测、备自投等其他装置数据时，应采用 MODBUS 或《远动设备及系统　第 5101 部分：传输规约　基本远动任务配套标准》（DL/T 634.5101—2002）等通信协议。

13．测控单元的功能有哪些？

答： 测控单元是配电终端的核心组成部分，主要完成信号的采集与计算、故障检测与故障信号记录、控制量输出、通信、当地控制与分布式智能控制等功能。

14．什么叫双电源切换？

答： 为提高配电终端电源的可靠性，在能够提供双路交流电源的场合（如在柱上开关安装两侧电压互感器、环网柜两条进线均配置电压互感器、站所两端母线配置电压互感器等情况下）需要对双路交流电源自动切换。正常工作时，一路电源作为主供电源供电，另一侧作为备用电源；当主供电源失电时，自动切换到备用电源供电。

15．遥信功能包含哪些内容？

答： 遥测功能指数字量的采集与处理，包括开关工位、开关储能、气压（SF_6 开关）以及装置自身状态、通信状态等信号。对于配置保护功能的馈线终端，还包括保护动作信号。

16．简述配电自动化终端的联调工作分类。

答： 配电自动化终端的联调工作分为现场调试和工厂化调试。现场调试是指在设备改造现场对终端全部功能进行测试；工厂化调试是指在调试工厂对终端的各项功能进行测试，在现场停电施工安装当天仅进行遥控点号核对、遥信抽检工作。

17．简单叙述"三遥"内容。

答： 遥信：终端采集的开关量信号；遥控：终端控制输出的开关量信号；遥测：终端采样交流电压、电流信号。

18．简单叙述站所终端、馈线终端以及配变终端的应用环境。

答：站所终端、馈线终端以及配变终端的应用环境分别为：

站所终端：安装在配电网架空线路杆塔处的配电终端；

馈线终端：安装在配电电网开关站、配电室、环网柜、箱式变电站等处的配电终端；

配变终端：安装在配电变压器出线处、用于监视配电各种运行参数的配电终端。

19.　户外环网柜的电磁式 TV 型号为 JSZV-12（R），变比为 10kV/0.1kV/0.22kV，其两个 220V 绕组经过双电源切换接入环网柜的电源模块，在运行过程中多次发生 TV 一次熔断器单相熔断。运行单位经过排查，确定 TV 和其供电负荷没有任何故障情况，更换 3 根熔断器后，可能又会发生类似的熔断器熔断情况，请分析供电回路正常但为何会发生熔断器熔断？

答：可以从以下方面进行分析：

（1）TV 的熔断器熔断电流、熔断特性；

（2）双电源切换模块切换工作情况；

（3）220V 绕组负荷特点；

（4）环网柜充电电模块工作情况；

（5）调查熔断器熔断的具体时间。

20.　终端功能验收包括哪些？

答：终端功能验收包括遥控验收、遥测验收、遥信验收、保护验收、通信功能、对时功能、参数检查、安全防护。

21.　绘制柱上开关两个单相 TV 的二次接线回路图，并简述 TV 二次绕组 B 相接地的接地电阻不能大于 4Ω 的必要性。

答：柱上开关单相 TV 接线示意图如图 3-1 所示。B 相接地为工作接地和保护接地，所以必须小于 4Ω，且接地电阻小于 4Ω 是保证运行人员安全的必要保证。

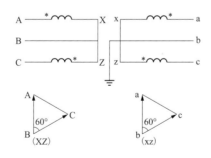

图 3-1　柱上开关单相 TV 接线示意图

22.　分析配电自动化户外环网柜负荷开关柜分闸遥控拒动的主要原因及其对策。

答：可能的主要原因：

（1）户外环境造成闭锁接点腐蚀接触不良或操作板失效；

（2）绘制负荷开关分、合闸回路二次原理图，分析其分、合闸回路的接线原理，指出其中分闸回路闭锁条件；

（3）分闸回路闭锁条件太多而且有的是机械位置闭锁开关，又没有相应的分、合闸回路检测方法，所以对于这种开关的远方遥控操作成功率不高。

对策：

（1）增加分、合闸回路检测；

（2）在远方遥控操作时短接闭锁回路；

（3）选用可靠的一体化操作机构；

（4）加装除湿装置。

23. 配电自动化终端"三遥"功能验收要求是什么？

答： 配电自动化终端"三遥"功能验收要求为：

（1）遥控验收：遥控压板与一次设备间隔为唯一对应关系，点号信息与现场设备名称相符，遥控开关分合正常。验收某一开关时，应做到脱开该压板开关不能遥控，合上该压板可以遥控，每次验收开关只有相应开关压板合上，其余压板断开。

（2）遥测验收：电流升流试验，遥测量的精度应不低于 0.5 级（误差值不大于＋0.5%，不小于－0.5%）。

（3）遥信验收：遥信点号信息配置与信息表一致；对现场设备进行传动验收，传动产生的信号与定义的遥信序号相对应。

24. 二次压板标识要求包括哪些？

答： （1）内容：参照二次设备命名规范执行，压板名称牌标识应能明确反映出该压板的功能。

（2）尺寸：30 mm×10mm，可根据安装处实际尺寸确定。

（3）色号：出口压板为红底白字，功能压板为黄底黑字，遥控压板为蓝底白字，备用白底黑字；字体：黑体。

（4）材质：标签机打印、有机塑料板或工业贴纸。

（5）位置：压板连片上或压板连片正下方 5mm 处。

25. 简述暂态录波型故障指示器的故障录波功能要求。

答： 暂态录波型故障指示器的故障录波功能要求为：

（1）故障发生时，采集单元应能实现三相同步录波，并上送至汇集单元合成零序电流波形，用于故障的判断。

（2）录波范围包括不少于启动前 4 个周波、启动后 8 个周波，每周波不少于 80 个采样点，录波数据循环缓存。

（3）汇集单元应能将 3 只采集单元上送的故障信息、波形，合成为一个波形文件并标注时间参数上送给主站，时标误差小于 100μs。

（4）录波启动条件可包括电流突变、相电场强度突变等，应实现同组触发、阈值可设。

（5）录波数据可响应主站发起的召测，上送配电主站的录波数据应符合 Comtrade 1999 标准的文件格式要求，且只采用 cfg 和 dat 两个文件，并且采用二进制格式。

26．配电终端本体检测包括哪些检测项目？

答：外观结构检查、接线检查、接口检查、电源检查、配电终端配置参数检查、绝缘测试。

27．配电终端柜的操作面板上，通常有哪些空气开关？

答：有装置电源空气开关、操作电源空气开关、后备电源空气开关、通信电源空气开关等。

28．压板的作用是什么？

答：为开关的控制回路提供一个明显的断开点。

29．操作方式转换开关有哪几档？

答：操作方式转换开关有远方、就地、闭锁三档。

30．遥测数据处理设置归零值的原因是什么？

答：将低值数转换为零，校正零漂干扰。

31．遥测数据传输采用越死区传送的原因是什么？

答：降低通信传输负载，并减少遥测传送数据量。

32．"一遥""二遥""三遥"分别的定义？

答："一遥"是指遥信；"二遥"是指遥测、遥信；"三遥"是指遥测、遥信、遥控。

33．利用 GPS 送出的信号进行对时，常用的对时方式有哪些？

答：常用的对时方式有网络对时、串行口对时、脉冲对时。

34．ONU 设备与配电终端的连接方式有哪些？

答：ONU 设备通过以太网接口或串口与配电终端连接。

35．配电自动化系统的验收分为哪几种？

答：配电自动化系统的验收分为工厂验收、现场验收、实用化验收。

36．如何实现蓄电池的远程活化管理？

答：通过配电终端远程维护软件，可实现对蓄电池活化继电器的远程分、合控制，并可通过遥测值观察到蓄电池的实时电压变化情况。

37．遥控分合操作时的步骤是什么？

答：遥控分合操作时的步骤为选择、返校、执行。

38．配电终端的上行信息有哪些？

答：配电终端的上行信息有遥测、遥信、返校信息。

39．试分析配电终端有哪些功能？

答：（1）配电终端应具备运行信息采集、事件记录、对时、远程维护和自诊断、数据存储、通信等功能；

（2）除配变终端外，其他终端应能判断线路相间和单相等故障；

（3）支持以太网或标准串行接口，与配电主站/子站之间的通信宜采用 101、104 通信规约和 CDT 通信协议。

40．试分析配电终端上传的数据有哪些？

答：配电终端上传的数据可分为遥测和遥信数据。遥测数据包括线路电流和配电终端装置的电池电压；遥信数据包括断路器分/合闸信号、接地开关合闸信号，间隔过流信号、装置远方及就地信号、交流输入失电信号、电池欠压告警信号、电池模块故障告警信号等。

41．如何提高配电终端的抗干扰能力？

答：提高配电终端的抗干扰能力可进行：

（1）电源抗干扰措施：在电源线入口处安装滤波器、开关量的输入采用光电隔离、设备机壳用铁质材料，必要时采用双层屏蔽；

（2）通道干扰处理：采用抗干扰能力强的传输通道及介质；

（3）内部抗干扰措施：对输入采样值抗干扰纠错。

42．试述如何通过配电终端，实现开关的操作控制？

答：当操作方式转换开关打到"远方"时，由遥控输出回路的开关量接点提供输出，开关工作开关于远方遥控方式；当操作方式转换开关打到"就地"时，由手动分、合闸按钮提供输出，工作处于就地控制方式。

43．配电终端本体检测前的准备工作有哪些？

答：配电终端本体检测前的准备工作有：

（1）检查配电终端的接线原理图、技术说明书、出厂试验报告等资料齐全；

（2）检查现场提供的独立试验电源安全可靠；

（3）确认配电自动化设备室内的所有金属结构及设备外壳均应连接于等电位地网，配电终端屏柜下部接地铜排已可靠接地；

（4）按相关安全生产管理规定填写工作票并办理工作许可手续。

44．配电终端的供电方式有哪些？

答：电压互感器（TV）供电、外部交流电源供电、电流互感器（TA）供电、电容分压式供电、其他新型能源供电。

45．配电自动化建设与改造过程中对配电终端的要求有哪些？

答：配电自动化建设与改造过程中对配电终端的要求有：

（1）配电终端应采用模块化、可扩展、低功耗的产品，具有高可靠性和适应性；

（2）配电终端的通信规约支持 DL/T 634.5101、DL/T 634.5104 规约；

（3）配电终端的结构形式应满足现场安装的规范性和安全性要求；

（4）配电终端电源可采用系统供电和蓄电池（或其他储能方式）相结合的供电模式；

（5）配电终端应具有明显的装置运行、通信、遥信等状态指示。

46．配电自动化系统中的远动终端与传统远动终端有哪些区别？

答：配电自动化远动终端是自动化系统与一次设备连接的接口，主要用于配电系统变压器、断路器、重合器、分段器、柱上负荷开关、环网柜、调压器、无功补偿电容器的监视和控制，与馈电线主站通信，提供配电系统运行控制及管理所需的数据，执行主站给出的对配电设备的控制调节指令，以实现馈线自动化的各项功能。配电自动化远动终端实质上是介于远动终端与继电保护之间的一种自动化终端。

47．遥控执行失败的处理方法。

答：遥控执行失败的处理方法有：

（1）遥控执行继电器无输出。如终端就地控制继电器无输出，则可判断为遥控板件故障。可关闭装置电源，更换遥控板件。

（2）遥控执行继电器动作但端子排无输出。检查遥控回路接线是否正确，其中遥控公共端至端子排中间串入一个硬件接电—遥控出口压板，除检查接线是否通畅外，还需要检查对应压板是否合上。

（3）遥控端子排有输出但开关电动操作机构未动作，检查开关电动操作机构。

48．描述用测试仪进行自动化控制器二次重合闸试验需要哪些状态序列？

答：故障前正常运行—第一次故障中—第一次跳闸后——次重合闸后—第二次故障中—第二次跳闸后—二次重合闸后

49．继电保护装置主要由哪些元件组成？

答：测量元件、逻辑元件、执行元件。

50．断路器控制回路断线（红灯不亮或绿灯不亮）对运行有什么影响？

答：不能正确反映断路器的跳、合闸位置或跳、合闸回路完整性，故障时造成误判断。如果是跳闸回路故障，当发生事故时，断路器不能及时跳闸，造成事故扩大。如果是合闸回路故障，会使断路器事故跳闸后备自投失效或不能自动重合。跳、合闸回路故障均影响正常操作。

51．简述配电终端录波功能启动条件。

答：过流故障、线路失压、零序电压、零序电流突变都可能启动录波。

52．简述故障录波数据内容要求。

答：故障录波应包含故障时刻前和故障时刻后的波形数据，故障前不应少于 4 个周波，故障后不少于 8 个周波。录波点数为不少于 80 点/周波，录波数据应该包含 A 相电压、B 相电压、C 相电压、零序电压、A 相电流、B 相电流、C 相电流、零序电流和遥信通道信息。

53．配电自动化终端的作用是什么？

答：配电自动化终端为安装在现场的各类终端单元，远程实现对设备的监控。在配电系统中，和馈线开关配合的现场终端设备为馈线终端单元（feeder terminal unit，FTU），实现馈线段的模拟、开关量的采样，远传和接收远方控制命令，和配电变压器配合的现场终端设备为配变终端单元（transformer terminal unit，TTU），实现配电变压器的模拟量、开关量监视，安装在开关站、配电所以及环网柜等设备内的远方终端单元为站所终端（distribution terminal unit，DTU），实现这些设备的模拟量、开关量采集及控制。

54．造成遥信信号不正确的原因是什么？

答：开关辅助接点故障、二次遥信电缆接线错误、站端遥信转发表定义错、遥信转发表定义错误。

55．什么是母线失电，判断母线失电的依据有哪些？

答：母线失电是指母线本身无故障而失去电源，一般是由于电网故障、继电保护误动或该母线上出线、变压器等运行设备故障，本身断路器拒跳，而使连接在该母线上的所有电源越级跳闸所致，判别母线失电的依据是同时出现下列现象：

（1）该母线的电压表指示消失；

（2）该母线的各出线及变压器负荷消失（电流表等指示为 0）；

（3）该母线所供的所用（厂用）电失去。

56．线路断路器正常运行发生分、合闸闭锁时，应采取什么措施？

答：线路断路器正常运行发生分、合闸闭锁时应采取以下措施：

（1）闭锁合闸的断路器尚未闭锁分闸时，可视情况下令拉开此断路器，否则将该断路器的重合闸停用。

（2）闭锁分闸的断路器，断开其控制电源，采取旁路断路器代供方式隔离（或采用母联断路器串供）。

（3）采取旁路断路器代供方式隔离，在旁路断路器代闭锁断路器时，环路中断路器应改为非自动状态。

57．小电流接地系统发生单相接地故障时应如何处理？

答：当中性点不接地系统发生单相接地时：

（1）值班调控员应根据接地情况（接地母线、接地相、接地信号、电压水平等异常情况）及时处理。

（2）应尽快找到故障点，并设法排除、隔离。

（3）永久性单相接地允许继续运行，但一般不超过 2h。

58．20kV 配电网线路单相接地与 10kV 相比有何区别？为什么要加装零序电流保护？

答：20kV 配电网一般是中性点接地系统（经接地变压器接地），单相接地时有短路电流流过，所以单相接地时应动作跳闸。由于 20kV 配电网经接地变压器接地，零序阻抗远大于正序阻抗，单相接地时的故障电流往往很小，所以需另外加装零序电流保护。20kV 线路一般配置反映相间故障的电流保护和反映接地故障的零序保护，零序电流宜取自套在电缆上的穿芯式 TA。当不具备条件时，可取自出线 TA 的自产零序电流。

59．配电网中性点不接地系统单相接地与电压互感器高、低压熔丝熔断有何区别？

答：配电网中性点不接地系统单相接地与电压互感器高、低压熔丝熔断依据现象有以下区别：

（1）单相接地时，接地光字牌亮，消弧线圈装置动作并报警"接地"，选线装置动作并发出选线信号，接地相电压降低，其余两相电压升高；金属性接地时，接地相电压为零，其余两相则为线电压，线电压不变。

（2）母线电压互感器高压熔丝熔断时，一相、二相或全部三相电压降低或接近零，其余相电压基本正常，线电压也可能降低。

（3）单相接地或母线电压互感器高压熔丝熔断时电压互感器二次开口绕组电压都增

大，都可能发出接地信号，而电压互感器低压熔丝熔断则不会。

（4）还可通过测量电压互感器二次侧桩头电压来判断高、低压熔丝熔断，电压正常则为低压熔丝熔断或二次回路故障。

60．断路器偷跳的原因有哪些？应如何处理？

答：若系统无短路或直接接地现象，继电保护及自动装置未动作，而断路器自动跳闸，该现象称作断路器偷跳。引起断路器偷跳的主要原因有：人员误碰误操作、机械外力振动、二次回路绝缘不良直流两点接地等。

处理时，明确系统无短路故障存在，若是由人员误碰误操作、机械外力振动引起自动脱扣等原因引起的偷跳，排除断路器故障原因后，应立即送电。对其他电气或机械故障，无法立即恢复送电的，则应将偷跳断路器停电检修处理。

61．环网柜一、二次融合技术中对控制单元电能量采集功能的技术要求是什么？

答：采用配电线损采集模块实现间隔计量功能。包括正、反向有功电量（0.5S 级）计算和四象限无功电量（2.0 级）计算，功率因数计算（分辨率 0.01）；具备电能量数据冻结功能。

62．配电设备一、二次融合设备的特点有哪些？

答：设备坚固耐用、设备小型化、终端安全防护加固、安装运维便捷化。

63．简述环网柜一、二次融合技术控制单元具备哪些保护功能。

答：具备馈线间隔的相间故障检测及跳闸功能、相间故障信息上传功能，具备环进、环出单元接地故障的检测与接地故障信息上传功能，接地故障录波与通信上传，接地故障录波每周波 80 点以上。

64．对比电子式电流互感器空心线圈和 LPCT 线圈的异同点。

答：空心线圈：无铁芯、无饱和现象、工艺较难、需配合积分电路、小电流线性度较差，需二次补偿，无二次开路危险，过电流能力强。

LPCT 线圈：带铁芯、有饱和现象、可做到 10P20，工艺实现简单，低端高端有非线性，开口电压高，开路比较危险，频带范围不如空心线圈宽。

65．开关在运行中出现闭锁分合闸时应采取什么措施？

答：开关出现"合闸闭锁"尚未出现"分闸闭锁"时，可根据情况下令拉开此开关；开关出现"分闸闭锁"时，应尽快将闭锁开关从运行系统中隔离。

66．遥控选择失败可能的原因有哪些？

答："五防"逻辑闭锁、配电主站与配电终端之间通信异常、配电终端处于就地位置、CPU 板件故障。

67．遥控反校失败可能的原因有哪些？

答：遥控板件故障、遥控加密设置错误、秘钥对选择错误。

68．遥控执行失败可能的原因有哪些？

答：遥控执行失败的可能原因有：

（1）遥控执行继电器无输出。如终端就地控制继电器无输出，则可判断为遥控板件故障，需关闭装置电源，更换遥控板件。

（2）遥控执行继电器动作但端子排无输出。检查遥控回路接线是否正确，其中遥控公共端至端子排中间串入一个硬件接电—遥控出口压板，除检查接线是否通畅外，还需要检查对应压板是否合上。

（3）遥控端子排有输出但开关电动操动机构未动作，检查开关电动操动机构。

69．使用暂态录波检测方法判断接地线路的依据有哪些？

答：使用暂态录波检测方法判断接地线路的依据有：

（1）非故障线路间暂态零序电流波形相似；

（2）故障线路与非故障线路的暂态零序电流波形不相似；

（3）故障点下游的暂态零序电流波形相似；

（4）故障点下游与上游的暂态零序电流波形相反。

70．如果发现电源异常应如何处理？

答：常见的电源回路异常主要包括主电源回路异常和后备电源异常：

（1）主电源回路异常包括交流回路异常、电源模块输出电压异常等，处理方法是分别测量 TV 柜、终端屏柜接线端子电压，以确定问题所在。

（2）后备电源异常主要是指交流失电后后备电源不能正常供电，主要可能的原因是蓄电池本体故障或是 AC/DC 电源模块后备电源管理出现故障。

71．暂态录波型故障指示器在应用条件方面有什么特点？

答：暂态录波故障指示器在应用条件方面的特点有：

（1）仅适用于架空线路，依赖通信远传波形，依赖配电主站实现接地故障定位分析；

（2）不适用于接地电阻 1000Ω 以上的故障识别；

（3）可检测瞬时性、间歇性接地故障。

72．"电压—时间型"馈线自动化的局限性有哪些？

答：其局限性有：

（1）传统的电压时间型不具备接地故障处理能力；

（2）因不具备过流监测模块，无法提供用于瞬时故障区间判断的故障信息；

（3）多联络线路运行方式改变后，为确保馈线自动化正确动作，需对终端定值进行调整。

73．"电压—电流—时间型"馈线自动化技术优势有哪些？

答：电压—电流—时间型"馈线自动化技术优势有：

（1）不依赖于通信和主站，实现故障就地定位和就地隔离；

（2）瞬时故障恢复较快；

（3）永久故障恢复较快；

（4）能提供用于瞬时故障区间判断的故障信息。

74．"电压—电流—时间型"馈线自动化的局限性有哪些？

答：该馈线自动化的局限性有：

（1）需要变电站出线断路器配置三次重合闸；

（2）非故障路径的用户也会感受多次停复电；

（3）多分支且分支上还有分段器的线路终端定值调整较为复杂；

（4）多联络线路运行方式改变时，终端需调整定值。

75. 遥信异常抖动时应如何处理？

答：检查接地、检查设置、二次回路检查、二次回路短接、主站观察及实验室测试。

76. 配电自动化系统以配电网生产运维、抢修和配电网调控管理为应用主体，可满足什么业务的横向协同需求？

答：需满足规划、运行维护、营销、调控的横向协同需求。

77. 举例说明两个用户分界柱上开关的安装位置。

答：用户分界柱上开关的安装位置有用户进户线责任分界点、符合要求的分支线路、符合要求的末端线路。

78. 极柱永磁开关具有什么优点？

答：极柱永磁断路器的优点有动作稳定可靠、永久免维护。

79. 弹簧操作机构具有什么特点？

答：弹簧操作机构可以大大减少合闸电流、对直流操作电源容量要求低，但存在机构复杂、加工工艺要求高、机件强度要求高、安装调试困难的不足之处。

80. 电磁操作机构具有什么特点？

答：电磁操作机构的优点是可靠性高、结构简单、加工工艺要求低，缺点是合闸功率大，需配置大容量的直流合闸电流。

81. 直流电压采样异常应如何排查？

答：首先判断电压异常是否属于电压二次回路问题，用万用表直接测量终端遥测板电压输入端子电压值即可判断。如果逐级向电压互感器侧检查电压二次回路，直至检查到电压互感器二次侧引出端子位置，若电压仍然异常，即可判断电压互感器一次输出故障。

若测试发现二次输入电压正常，应使用终端维护软件查看终端电压采样值是否正常，正常则可判定为配电主站遥测参数配置错误，否则应检查终端遥测参数配置是否正确，当检查发现终端遥测参数配置正确的情况下，即可判定为终端本体故障。

终端本体故障可能是终端应用程序、遥测采样板故障或者 CPU 板故障引起的，处理终端本体故障应按照先软件后硬件、先采样板后核心板件的原则进行。

更换终端内部板件时，一定要注意板件更换后相应参数重新进行配置。

82. 通信电源的直流供电系统一般由哪些部分组成？

答：通信电源的直流供电系统一般由高频开关电源（AC/DC 变换器）、蓄电池、DC/DC 变换器组成。

83. 在现场环境使用工业以太网交换机时需要注意什么使用事项？

答：在现场环境使用工业以太网交换机时需要注意的使用事项有：

（1）设备不要放置在接近水源或者潮湿的地方；

（2）电源电缆上不要放置杂物；

（3）设备工作时，不能直视光纤的断面。

84．如果发现终端流量使用很快，有哪些降低终端流量的措施？

答：发现终端流量使用很快时，降低终端流量的措施有：

（1）项目实施前对主站和站端在参数的设置上预先计算和验证，并预留一定余量；

（2）全数据总召周期根据实际可不拘泥于 15min/次，如 60min/次等；

（3）配电终端参数设置在合理范围内，避免反复修改定值；

（4）考虑通道的延迟，避免频繁重发，多个可合并的确认帧尽量同时发送。

85．配电终端的后备直流系统应具备哪些告警功能？

答：配电终端的后备直流系统应具备的告警功能有交流失压告警、直流欠压告警、直流低压切除、电源故障告警。

86．配电终端装置电源应满足哪些元件同时运行的要求？

答：配电终端装置电源应满足配电终端、配套通信模块和开关电动操作机构同时运行的要求。

87．FTU 的技术核心主要有哪些？

答：FTU 的技术核心主要有快速故障定位、网络通信、配电网单相接地选线与定位、事故隔离和恢复。

88．配电终端的类型标识代码由三部分组成，分别是哪三部分？

答：第一部分为终端类型，D 标识站所终端，F 标识馈线终端，T 标识配变终端；第二部分为终端分类，2 表示"二遥"，3 表示"三遥"；第三部分为终端小类，0 表示基本型终端，1 表示标准型终端，2 表示动作型终端。

89．配电终端配置的最常规的故障处理功能有哪些？

答：配电终端配置的最常规的故障处理功能有过负荷告警、过流告警、零序电流保护、重合闸等。

90．配电终端故障信息上报模式有哪两种？分别适用于哪些场景？

答：故障信息上报模式包括检测到过流信息直接上报和检测到故障跳闸后上报两种模式：

（1）检测到过流信息直接上报即当装置检出过流后上报故障信息，不区分是否为临时故障或永久故障。一般适用于配电线路配置断路器的模式，如果接入开关为负荷开关，并且故障隔离程序可以检出变电站出口跳闸后启动，那么也可用该模式。

（2）检测到故障跳闸后上报即当装置检出过流故障信息，并且检测出变电站出口跳闸后上报，不区分是否为临时故障或永久故障，一般适用于配电线路配置负荷开关的场景。

91．配电自动化一、二次设备中硬件"四统一"指的是哪四方面的统一？

答：配电自动化一、二次设备中硬件"四统一"是指面板外观、安装尺寸、运行指示、接口插件四方面的统一。

92．配电自动化一、二次设备中软件"三标准"指的是哪三方面的标准化？

答：配电自动化一、二次设备中软件"三标准"是指功能实现、通信规约、运维工具三方面的标准化。

93．按照参数对应的功能不同，可以将配电终端的参数分为固有参数、运行参数、故障处理动作参数 3 大类，请列举不少于 6 个固有参数。

答：配电终端的固有参数有终端类型、终端操作系统、终端制造商、终端硬件版本、终端软件版本、终端软件版本校验码、终端通信规约类型、终端出厂型号、终端 ID 号、终端网卡 MAC 地址。

94．按照参数对应的功能不同，可以将配电终端的参数分为固有参数、运行参数、故障处理动作参数 3 大类，运行参数有哪些？

答：配电终端的运行参数有遥测类参数、越限类参数、遥信类参数、遥控类参数、蓄电池管理类参数。

95．按照参数对应的功能不同，可以将配电终端的参数分为固有参数、运行参数、故障处理动作参数 3 大类，故障处理逻辑及动作参数有哪些？

答：配电终端的故障处理逻辑及动作参数有故障电流模式、自适应就地馈线自动化模式、电压时间型。

96．柱上开关一、二次成套化设备按照应用功能的不同可分为哪四类？

答：柱上开关一、二次成套化设备按照应用功能可分为分段负荷开关成套、分段断路器成套、分界负荷开关成套、分界断路器成套四类。

97．标准型终端应能实时（间隔不大于 1s）采集配电变压器低压侧总的三相电压、电流，能实现的基本配电变压器监测功能有什么？

答：电压偏差监测、频率偏差监测、分相及三相有功、无功功率、四象限累积电量、台区变负载率。

98．画出配电终端电源回路的构成示意图。

答：配电终端电源回路构成示意图如图 3-2 所示。

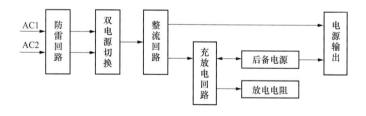

图 3-2 配电终端电源回路构成示意图

99．如图 3-3 为罩式馈线终端底视结构图，请分别说出图上①～⑦分别是什么？

答：①电源接口；②电流接口；③通信接口；④后备电源接口；⑤告警指示；⑥控制接口；⑦无线模块盒。

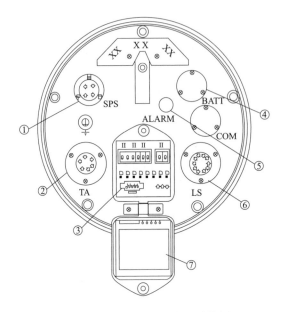

图 3-3 罩式馈线终端底视结构图

100．"三遥"馈线终端的选配功能有哪些？

答："三遥"馈线终端的选配功能有：

（1）具备配电线路闭环运行和分布式电源接入情况下的故障方向检测功能；

（2）具备检测开关两侧相位及电压差功能；

（3）支持重合闸方式的逻辑配合完成就地型馈线自动化功能；

（4）与其他终端配合完成智能分布式馈线自动化功能。

101．过流保护主要用于短路故障的判别，可通过控制字选择告警或跳闸，以过流Ⅰ段保护为例，画出过流告警检测逻辑图。

答：过流告警检测逻辑图如图 3-4 所示。

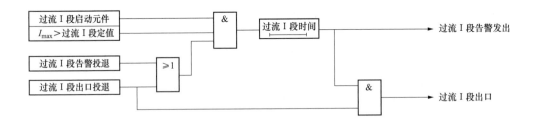

图 3-4 过流告警检测逻辑图

102．简述弹簧操动机构合闸时的工作原理。

答：合闸时，合闸线圈通电吸合，打开锁扣装置，用弹簧的拉力带动操动机构合上断路器。弹簧储能机构的特点是合闸时，已储能的弹簧释放能量；合上闸后，弹簧再次储能，为下一次合闸作准备，即在运行中如失去储能电源仍可合闸操作一次。

103．用于配电网开关的电磁操动机构工作原理有哪两种？

答：用于配电网开关的电磁操动机构工作原理有普通的电磁操动机构和来电即合、无压释放型操动机构两种。

104．电子式电压互感器主要包括哪两种互感器？相对于传统的电压互感器，新的电子式互感器有哪些特点？

答：电子式电压互感器主要包括电阻分压式电压互感器和电容分压式电压互感器两种。

电阻分压式：无铁芯、精度高、成本较传统 TV 低、受环境影响小、低功耗、体积小、重量轻。

电容分压式：无铁芯、电容参数特性变化会引起精度偏差、成本较传统 TV 低，较易受环境影响、低功耗、体积更小、重量轻。

105．配电二次回路可以分为哪几类？

答：配电二次回路有两种分类方式：第一种是按照电路类别分类，可分为直流回路和交流回路，其中交流回路有包括交流电流回路和交流电压回路。第二种是按照回路的功能用途分类，可分为测量回路、控制回路、信号回路等，其中控制回路主要包含合闸控制回路和分闸控制回路。

106．常见的电流互感器二次回路开路故障原因有哪些？

答：常见的电流互感器二次回路开路故障原因有：电流端子连片开路、二次电缆在端子排处接入空端子、N 回路连片在端子排上开路、二次接线在保护装置背板松动。

107．故障指示器有哪几种故障指示方式？

答：架空线型故障指示器通常是旋转指示方式（即通常所说的"翻牌"）；电缆型故障指示器通常是 LED 发光指示，也可以提供开关触点指示，把故障信号传送给 DTU 并上送至主站。

108．遥信与遥控为何不允许共用同一根二次电缆？

答：常用的二次电缆有 6 芯和 8 芯，若遥信与遥控共用一根二次电缆，则不符合设计要求，不利于功能的扩展，也无法实现不同功能二次电缆在物理上的隔离。此外，遥信与遥控的电压不一致，采用同一根电缆可能导致误接线。

109．配电网常用的二次设备有哪些？

答：配电网常用的二次设备有用于线路检测、控制的配电终端（包括 DTU 和 FTU）、控制电缆、蓄电池等。

110．配电终端一般由哪几部分组成？

答：配电终端一般由输入部分，控制输出部分，处理部分，通信接口部分，电源、通信部分等组成。

111．若在定值执行过程中对定值有疑问应如何处理？

答：如果在执行过程中对定值存在疑问，应立即与定值整定人取得联系，经核实无误后方可继续执行。

112．什么是配电终端的重大缺陷？

答：配电终端的重大缺陷指生产设备运行维护阶段中发生的，对设备功能、使用寿命及系统正常运行有一定影响或可能发展成为紧急缺陷，允许设备在短时间内带缺陷运行或需要动态跟踪一段时间，必须限期安排进行处理的缺陷。

113．什么是配电终端的紧急缺陷？

答：配电终端的紧急缺陷指在生产设备运行维护阶段中发生的，威胁人身或设备安全，严重影响设备运行、使用寿命及可能造成配电自动化系统瘫痪，危及电力系统安全、稳定和经济运行，必须立即进行处理的缺陷。

114．如何判断遥控操作是否成功？

答：在进行遥控操作后，应通过监控系统检查设备的状态指示、遥测、遥信信号的变化。应有两个及以上的指示同时发生对应变化，才能确认该设备已操作到位。若调控员对遥控操作结果有疑问，应查明情况，必要时应通知现场运维人员核对设备状态。

115．自动化设备缺陷分成三个等级，是哪三个等级？

答：紧急缺陷、重大缺陷、一般缺陷。

第四章

配电通信及信息安全

一、选择题

1. 104 通信规约中，服务器端 TCP 端口号默认采用（　　）端口号。

A．2404 　　　　　　　B．8080 　　　　　　　C．21 　　　　　　　D．80

答案：A

2. 在配电自动化通信方式中，属于串口通信方式的为（　　）。

A．配电载波 　　　　　B．GPRS 　　　　　　C．GSM 　　　　　　D．RS-232

答案：D

3. 数据通信系统的传输方式，按照信息传输的方向和时间可分为（　　）。

A．单工通信 　　　　　　　　　　　　　B．半双工通信

C．全双工通信 　　　　　　　　　　　　D．以上三项都是

答案：D

4. 报文格式的控制域定义中，编号的监视功能格式简称（　　）。

A．I 格式 　　　　　　　　　　　　　　B．S 格式

C．U 格式 　　　　　　　　　　　　　　D．都不是

答案：B

5. 报文格式的控制域定义中，编号的信息传输格式简称（　　）。

A．I-格式 　　　　　　　　　　　　　　B．S-格式

C．U-格式 　　　　　　　　　　　　　　D．都不是

答案：A

6. 报文格式的控制域定义中，不编号的控制功能格式简称（　　）。

A．I-格式 　　　　　　　　　　　　　　B．S-格式

C．U-格式 　　　　　　　　　　　　　　D．都不是

答案：C

7. 电子邮件通常采用的协议是 SMTP 和（　　）。

A．TCP/IP 　　　　　　B．HTTP 　　　　　　C．POP3 　　　　　　D．FTP

答案：C

8. TCP/IP 体系结构中的 TCP 和 IP 所提供的服务分别为在（　　）。

A．链路层服务和网络层服务　　　　　　B．网络层服务和传输层服务

C．传输层服务和应用层服务　　　　　　D．传输层服务和网络层服务

答案：D

9．在数据传送过程中，为发现误码甚至纠正误码，通常在原数据上附加"校验码"，其中功能较强的是（　　）。

A．奇偶校验码　　　　　　　　　　　　B．循环冗余码

C．交叉校验码　　　　　　　　　　　　D．横向校验码

答案：B

10．通信规约是为保证数据通信系统中通信双方能有效和可靠地通信而规定的双方应共同遵守的一系列约定，包括数据的格式、顺序和速率、（　　）管理、流量调节和差错控制等。

A．链路　　　　　　B．数据　　　　　　C．约束　　　　　D．过程

答案：A

11．ONU 面板上的 LOS 灯是红灯时，表示（　　）。

A．此 ONU 没有授权　　　　　　　　　B．此 ONU 损坏

C．光路有问题　　　　　　　　　　　　D．ONU 工作正常

答案：C

12．配电自动化"三遥"终端宜采用（　　）。

A．光纤专网　　　　　　　　　　　　　B．无线公网

C．无线专网　　　　　　　　　　　　　D．电力载波

答案：A

13．EPON 的组网模式为（　　）。

A．点到点　　　　　　　　　　　　　　B．点到多点

C．多点到多点　　　　　　　　　　　　D．多点到点

答案：B

14．TLTE230MHz 覆盖范围农村地区约（　　）km。

A．2～4　　　　　　B．3～5　　　　　　C．10～15　　　　D．15～20

答案：D

15．TLTE230MHz 覆盖范围市区内约（　　）km。

A．2～4　　　　　　B．3～5　　　　　　C．10～15　　　　D．15～20

答案：B

16．工业以太网交换机覆盖距离大于（　　）km。

A．20　　　　　　　B．30　　　　　　　C．40　　　　　　D．50

答案：A

17．101 规约中信息对象地址分配中，遥测信息的对应地址为（　　）。

A．1H～1000H　　　　　　　　　　　　B．4001H～6000H

C．6001H～6200H　　　　　　　　　　　　D．6601H～6700H

18．101 规约中信息对象地址分配中，遥控信息的对应地址为（　　　）。

A．1H～4000H　　　　　　　　　　　　　B．4001H～6000H

C．6001H～6200H　　　　　　　　　　　　D．6601H～6700H

答案：C

19．TCP 链路建立后，开始初始化过程，初始化结束帧是由（　　　）。

A．主站发送至子站　　　　　　　　　　　B．子站发送主站

C．无初始化结束帧　　　　　　　　　　　D．测试帧

答案：B

20．网络设备开启（　　）服务，存在被暴力破解的风险。

A．Telnet　　　　　B．Web　　　　　C．Nessus　　　　　D．Nmap

答案：B

21．信息体指的是（　　　）。

A．定义的一组信息、定义或规范。需要一个名字标识它在通信中的应用

B．定义的不可分割的变量，例如测量值或双点信息

C．具有共同传送原因的信息实体

D．应用数据单元的开始信息域，标识数据单元的类型和长度，隐含或明确的规定应用数据单元的结果及信息体结构、类型和数目

答案：A

22．EPON 网络中，ONU 设备负责将（　　　）转换为光信号，通过 EPON 网络完成主站和终端的数据传输。

A．电信号　　　　　　　　　　　　　　　B．光信号

C．声信号　　　　　　　　　　　　　　　D．信号

答案：A

23．ASDU（application service device unit）中的第一个字节表示什么内容？

A．类型标识　　　　　　　　　　　　　　B．可变结构限定词

C．传输原因　　　　　　　　　　　　　　D．报文长度

答案：A

24．Nmap 是一个（　　　），其基本功能有两个，一是探测一组主机是否在线；二是扫描主机端口，嗅探所提供的网络服务。

A．危险扫描软件　　　　　　　　　　　　B．漏洞扫描软件

C．网络连接端扫描软件　　　　　　　　　D．系统检测软件

答案：C

25．出于安全原因，网络管理员需要阻止外网主机 ping 核心网络，（　　　）协议需要使用 ACL 来阻止。

A. IP   B. ICMP   C. TCP   D. UDP

答案：B

26. 根据二次系统总体安全防护要求，SCADA 服务器允许开通（ ）服务。

A. NNTP   B. FTP   C. TELNET   D. SSH

答案：D

27. 电力专用横向安全隔离装置分为（ ）两种装置。

A. 横向型与纵向型   B. 正向型与反向型

C. 横向型与反向型   D. 正向型与纵向性

答案：B

28. 防火墙中网络地址转换的主要作用是（ ）。

A. 提供代理服务   B. 防止病毒入侵

C. 隐藏网络内部地址   D. 进行入侵检测

答案：C

29. 配电自动化系统应满足电力二次系统安全防护等有关规定，（ ）应具备安全加密认证功能。

A. 遥测   B. 遥信   C. 遥控   D. 保护

答案：C

30. 网络安全防护的"木桶原理"指（ ）。

A. 安全性取决于整个体系防护最弱的地方

B. 安全性取决于整个体系防护最强的地方

C. 安全性取决于整个体系防护最安全的地方

D. 安全性取决于整个体系防护最易受到攻击的地方

答案：A

31. 生产控制大区采集应用部分与安全接入区边界应部署电力专用（ ）安全隔离装置。

A. 纵向单向   B. 横向单向

C. 横向双向   D. 纵向双向

答案：B

32. 配电自动化系统信息交互应严格遵守电力二次安全防护要求，在管理信息大区部署的功能应符合电力企业整体信息集成交互构架体系，遵循纵向贯通、横向集成、（ ）、数据共享的原则。

A. 统一规范、数据源唯一   B. 统一标准、数据源唯一

C. 统一规范、数据源规范   D. 统一规范、数据源统一

答案：A

33. 防火墙开启了（ ）端口，且存在弱口令 admin/admin，可以直接登录，并可以查看路由表，泄漏网络敏感信息。

A. 2404   B. 9   C. 80   D. 111

答案：C

34. 锁具丢失/钥匙在柜门处属于（   ）。

A. 物理防护措施薄弱   B. 安全类设备开启危险端口

C. 跨 ONU 终端互访   D. 配电终端危险端口及服务

答案：A

35. 以下不属于安全评估的主要内容的是（   ）。

A. 资产   B. 威胁   C. 脆弱性   D. 漏洞

答案：D

36. 配电自动化系统网络安全防护方案适用于（   ）电压等级的配电自动化系统。

A. 110kV 及以下   B. 35kV 及以下

C. 10kV（20kV）及以下   D. 380V 及以下

答案：C

37. 为实现无线网络与安全接入区之间的隔离，应配置（   ）。

A. 数据隔离组件

B. 防火墙

C. 电力专用横向单向安全隔离装置

D. 网关

答案：B

38. 统计数据表明，网络和信息系统最大的人为安全威胁来自（   ）。

A. 恶意竞争对手   B. 内部人员

C. 互联网黑客   D. 第三方人员

答案：B

39. 在安全设备进行工作时，严禁绕过（   ）将两侧网络直连。

A. 防火墙   B. 横向隔离

C. 纵向加密装置   D. 安全设备

答案：D

40. 正向型电力专用横向安全隔离装置传输方向是（   ）单向数据传输,能传输（   ）类型的数据。

A. Ⅰ、Ⅱ区往Ⅲ区传，任意   B. Ⅲ区往Ⅰ、Ⅱ区传，任意

C. Ⅰ、Ⅱ区往Ⅲ区传，纯文本   D. Ⅲ区往Ⅰ、Ⅱ区传，纯文本

答案：A

41. 硬件防火墙的透明模式配置中在网桥上配置的 IP 主要用于（   ）。

A. 管理   B. 双机热备

C. NAT 转换   D. 保证连通性

答案：A

42．在防火墙上把内网服务器 IP 地址 192.168.1.1 对外网做了地址转换，转换地址为 10.1.1.1，这时外网的 10.1.1.2 要访问内网服务器时，需要在防火墙上配置的包过滤规则的目的 IP 应该是（　　）。

A．10.1.1.1　　　　　　　　　　　B．192.168.1.1

C．10.1.1.2　　　　　　　　　　　D．192.168.1.2

答案：B

43．入侵检测系统的基本工作原理是（　　）。

A．扫描　　　　　B．嗅探　　　　　C．搜索　　　　　D．跟踪

答案：B

44．不能防止计算机感染病毒的措施是（　　）。

A．定时备份重要文件

B．经常更新操作系统

C．除非确切知道附件内容，否则不要打开电子邮件附件

D．重要部门的计算机尽量专机专用与外界隔绝

答案：A

45．U 盘病毒的传播是借助 Windows 系统的（　　）功能实现的。

A．自动播放　　　　　　　　　　　B．自动补丁更新

C．服务自启动　　　　　　　　　　D．系统开发漏洞

答案：A

46．路由器访问控制列表提供了对路由器端口的一种基本安全访问技术，也可以认为是一种内部（　　）。

A．防火墙技术　　　　　　　　　　B．入侵检测技术

C．加密技术　　　　　　　　　　　D．备份技术

答案：A

47．下列与操作系统安全配置的原则不符的是（　　）。

A．关闭没必要的服务　　　　　　　B．不安装多余的组件

C．安装最新的补丁程序　　　　　　D．开放更多的服务

答案：D

48．下面较为安全的密码是（　　）。

A．xiaoli123　　　　　　　　　　　B．13810023556

C．bcdefGhijklm　　　　　　　　　　D．cb^9L2i

答案：D

49．身份鉴别是安全服务中的重要一环，以下关于身份鉴别叙述不正确的是（　　）。

A．身份鉴别是授权控制的基础

B．身份鉴别一般不用提供双向的认证

C．目前一般采用基于对称密钥加密或公开密钥加密的方法

D．数字签名机制是实现身份鉴别的重要机制

答案：C

50．某人在操作系统中的账户名为 LEO，他离职一年后，其账户虽然已经禁用，但是依然保留在系统中，类似于 LEO 的账户类型属于（   ）。

A．过期账户   B．多余账户
C．共享账户   D．以上都不是

答案：A

51．（   ）是实现数字签名的技术基础。

A．对称密钥体制   B．非对称密钥体制
C．SH1 算法   D．杂凑算法

答案：B

52．认证中心（CA）的核心职责是（   ）。

A．签发和管理数字证书   B．验证信息
C．公布黑名单   D．撤销用户的证书

答案：A

53．经过数字签名数据具备（   ）。

A．机密性   B．确定性
C．可靠性   D．不可否认性

答案：D

54．公开密钥密码体制的含义是（   ）。

A．将所有密钥公开
B．将私有密钥公开，公开密钥保密
C．将公开密钥公开，私有密钥保密
D．两个密钥相同

答案：C

55．公钥加密与传统加密体制的主要区别是（   ）。

A．加密强度高
B．密钥管理方便
C．密钥长度大
D．使用一个公共密钥用来对数据进行加密，而一个私有密钥用来对数据进行解密

答案：D

56．口令攻击的主要目的是（   ）。

A．获取口令破坏系统   B．获取口令进入系统
C．仅获取口令没有用途   D．以上都不是

答案：B

57．Console 口或远程登录后超过（   ）无动作应自动退出。

A．5min　　　　　　　B．10min　　　　　　　C．15min　　　　　　D．20min

答案：A

58．（　　）是防火墙的合理补充，帮助系统应对网络攻击，扩展系统管理员的安全管理能力，提高信息安全基础结构的完整性。

A．防病毒中心　　　　　　　　　　　　　B．入侵检测

C．主机加固　　　　　　　　　　　　　　D．横向隔离

答案：B

59．Nessus 是目前全世界最多人使用的系统（　　）软件。

A．漏洞扫描与分析　　　　　　　　　　　B．安全防护

C．杀毒　　　　　　　　　　　　　　　　D．计算分析

答案：A

60．当采用（　　）等电力无线专网时，应采用相应安全防护措施。

A．200MHz　　　　　B．230MHz　　　　　C．250MHz　　　　　D．270MHz

答案：B

61．电力监控系统安全保密教育的对象包括（　　）。

A．系统管理员

B．网络管理员

C．安全管理员

D．所有与电力监控系统相关的生产和管理人员

答案：D

62．电力调度数据网应当在（　　）上使用独立的网络设备组网，在物理层面上实现与电力企业其他数据网及外部公用数据网的安全隔离。

A．专用通道　　　　　　　　　　　　　　B．公用通道

C．合用通道　　　　　　　　　　　　　　D．独用通道

答案：A

63．对配电自动化系统主站设备及软件审计产生的日志数据分配合理的存储空间和存储时间，按照《中华人民共和国网络安全法》，留存的日志不少于（　　）。

A．一个月　　　　　　　　　　　　　　　B．三个月

C．六个月　　　　　　　　　　　　　　　D．十二个月

答案：C

64．对于使用 IP 协议进行远程维护的设备，设备应配置使用（　　）等加密协议，以提高设备管理安全性。

A．SSL　　　　　　　B．SSH　　　　　　　C．Telnet　　　　　　D．RSA Telnet

答案：B

65．反向型电力专用横向安全隔离装置应禁止的网络服务包括（　　）。

A．E-mail　　　　　　　　　　　　　　　B．Telnet

C．Rlogin   D．以上都是

答案：D

66．防火墙通过目标授权功能，限制或者允许特定用户可以访问特定节点，从而（   ）用户有意或者无意访问非授权设备。

A．禁止   B．允许   C．提升   D．降低

答案：D

67．"攻击者伪装成合法的通信实体，与主站或终端进行数据交互；进而取得控制权或对交互数据进行篡改、拦截或删除"这种数据攻击途径属于（   ）。

A．数据篡改攻击   B．数据注入攻击
C．中间人攻击   D．重放攻击

答案：C

68．"攻击者在完全掌握通信协议原理后，通过发送错误的控制状态或信息，误导操作人员或控制组件的操作"这种数据攻击途径属于（   ）。

A．重放攻击   B．数据注入攻击
C．数据篡改攻击   D．中间人攻击

答案：B

69．配电终端挂网投运前，地市供电公司发送配电终端证书管理工具申请表至（   ），申请配电终端证书管理工具。

A．省公司运维检修部   B．省公司科信部
C．中国电科院   D．省公司调控中心

答案：C

70．配电主站Ⅰ区主机采用用户名/强口令、动态口令、物理设备、生物识别、数字证书等（   ）种或（   ）种以上组合方式，实现用户身份认证及账号管理。

A．4，4   B．3，3   C．2，2   D．1，1

答案：C

71．配电自动化系统网络安全防护检测工具网段扫描支持（   ）个 IP 扫描。

A．65533   B．65534   C．65535   D．65536

答案：B

72．通过在网络中泛洪伪造的数据包，导致通信流量拥塞，造成重要数据损失，影响系统持续稳定的运行。这种数据攻击途径属于（   ）。

A．数据注入攻击   B．重放攻击
C．数据篡改攻击   D．拒绝服务攻击

答案：D

73．依据电监会文件电力二次系统安全风险级别最高的是（   ）。

A．窃听   B．篡改   C．旁路   D．完整性破坏

答案：C

74. 以下关于 TCP 和 UDP 协议的说法正确的是（　　　）。

A．没有区别，两者都是在网络上传输数据

B．TCP 是一个定向的可靠的传输层协议，而 UDP 是一个不可靠的传输层协议

C．UDP 是一个局域网协议，不能用于 Internet 传输，TCP 则相反

D．TCP 协议占用带宽较 UDP 协议多

答案：B

75. 终端发出的指令经篡改后上传主站，体现了网络安全的哪项风险要素。（　　　）

A．身份真实性　　　　　　　　　　　　B．机密性

C．不可抵赖性　　　　　　　　　　　　D．完整性

答案：D

76. 终端在生产、测试和返厂维修时，安全芯片内的密钥是（　　　）。

A．测试态　　　　B．正式态　　　　C．检修态　　　　D．认证态

答案：A

77. "永恒之蓝"攻击主要基于下列哪个端口（　　　）。

A．TCP 445　　　　B．UDP 455　　　　C．TCP 455　　　　D．UDP 445

答案：A

78. 公钥密码学的思想最早是由（　　　）于 1975 年提出的。

A．欧拉　　　　　　　　　　　　　　　B．迪菲和赫尔曼

C．费马　　　　　　　　　　　　　　　D．Rivest、Shamir、Adleman

答案：B

79. 配电自动化系统采用（　　　）的总体设计思路。

A．一防入侵终端，二防入侵主站，三防入侵一区，四防入侵主网

B．一防入侵终端，二防入侵主站，三防入侵主网，四防入侵一区

C．一防入侵终端，二防入侵主网，三防入侵主站，四防入侵一区

D．一防入侵主网，二防入侵一区，三防入侵主站，四防入侵终端

答案：A

80. 配电自动化主站生产控制大区系统与调度自动化系统 EMS 之间应当部署（　　　）。

A．防火墙　　　　　　　　　　　　　　B．纵向加密认证装置

C．配电加密认证装置　　　　　　　　　D．电力专用横向单向安全隔离装置

答案：D

81. 为实现硬件级防护，配电终端内嵌一颗（　　　）。

A．GPS 芯片　　　　　　　　　　　　　B．GPRS 芯片

C．集成国密算法的安全芯片　　　　　　D．天线

答案：C

82. 不属于防火墙提供的安全功能的是（　　　）。

A．IP 地址欺骗防护　　　　　　　　　　B．NAT

C．访问控制

D．SQL 注入攻击防护

答案：D

83．在非对称加密算法环境下，若 Bob 给 Alice 发送一封邮件，并想让 Alice 确信邮件是由 Bob 发出的，则 Bob 应该选用（　　）密钥对邮件加密。

A．Alice 的公钥

B．Alice 的私钥

C．Bob 的私钥

D．Bob 的公钥

答案：C

84．主站侧配置配电加密认证装置，实现主站与终端间双向身份鉴别、数据的（　　）保护。

A．可用性和不可否认性

B．机密性和完整性

C．可认证性和可用性

D．完整性和不可否认性

答案：B

85．安全接入区采集服务器与生产控制大区前置服务器通过（　　）进行数据传输。

A．配电加密装置

B．防护墙

C．配电安全接入网关

D．正、反向隔离装置

答案：D

86．数据单元类型指的是（　　）。

A．定义的一组信息、定义或规范。需要一个名字标识它在通信中的应用

B．定义的不可分割的变量，例如测量值或双点信息

C．具有共同传送原因的信息实体

D．应用数据单元的开始信息域，标识数据单元的类型和长度，隐含或明确的规定应用数据单元的结果及信息体结构、类型和数目

答案：D

87．配电终端通信中断、故障掉线连续离线（　　）h 以上属于危急缺陷。

A．48

B．36

C．24

D．12

答案：C

88．DL/T 634.5101 规约中，地址域选址范围有（　　）个。

A．65532

B．65533

C．65534

D．65535

答案：D

89．DL/T 634.5101—2002 通信报文采用（　　）校验方式。

A．偶

B．奇

C．纵向和

D．BCD 码

答案：C

90．数据单元指的是（　　）。

A．定义的一组信息、定义或规范。需要一个名字标识它在通信中的应用

B．定义的不可分割的变量，例如测量值或双点信息

C．具有共同传送原因的信息实体

D．应用数据单元的开始信息域，标识数据单元的类型和长度，隐含或明确的规定应用数据单元的结果及信息体结构、类型和数目

答案：C

91．十六进制 IEC 60870-5-101：2002 规约报文"10 5a 01 7b 16"中的 FCB 位被置（　　　）。

A．0　　　　　　　　　B．1　　　　　　　　　C．2　　　　　　　　　D．3

答案：A

92．DL/T 634.5101 规约中，主站向子站传输时召唤用户二级数据的功能码为（　　　）。

A．A0H　　　　　　　B．B3H　　　　　　　C．61H　　　　　　　D．7BH

答案：D

93．终端上送的原始二进制码，（　　　）是报文开始标识。

A．69　　　　　　　　B．10　　　　　　　　C．68　　　　　　　　D．49

答案：C

94．数据传输方式包括（　　　）。

A．并行传输　　　　　　　　　　　　B．串行传输
C．同步传输　　　　　　　　　　　　D．异步传输

答案：AB

95．电力通信网承载的主要业务是（　　　）。

A．电力生产运维　　　　　　　　　　B．调度控制类业务
C．作为公网使用　　　　　　　　　　D．作为专网使用

答案：AB

96．配电自动化系统的通信系统的特点是（　　　）。

A．通信节点间通信距离短　　　　　　B．终端节点数量较大
C．终端通信的数据量较大　　　　　　D．终端通信的数据量较小

答案：ABD

97．通信电源的直流供电系统一般由（　　　）等部分组成。

A．高频开关电源（AC/DC 变换器）　　B．蓄电池
C．DC/DC 变换器　　　　　　　　　　D．交流配电屏

答案：ABC

98．主要业务网层面包括（　　　）等。

A．调度交换网　　　　　　　　　　　B．行政交换网
C．通信数据网　　　　　　　　　　　D．调度数据网

答案：ABCD

99．通信系统的维护包括（　　　）。

A．设备维护　　　　　　　　　　　　B．通道维护
C．网络维护　　　　　　　　　　　　D．业务维护

答案：ABCD

100. 通信设备对电源系统的基本要求是（　　　）。

A. 高可靠性　　　　　　　　　　B. 高稳定性

C. 高效率　　　　　　　　　　　D. 小型化

答案：ABCD

101. 电力监控系统安全区连接的拓扑结构分别为（　　　）。

A. 链式结构　　　　　　　　　　B. 三角结构

C. 星形结构　　　　　　　　　　D. 环状架构

答案：ABC

102. 主站系统采用通信规约与子站系统通信的目的是（　　　）。

A. 降低传送信息量　　　　　　　B. 保证数据传输的可靠性

C. 改正数据传输的错误　　　　　D. 保证数据传递有序

答案：BD

103. 加密认证网关具有（　　　）功能。

A. 认证

B. 加密

C. 安全过滤

D. 对数据通信应用层协议及报文的处理功能

答案：ABCD

104. 关于数据帧类型，下列说法正确的是（　　　）。

A. I帧：传输应用数据，捎带确认对方的发送

B. S帧：无应用数据可传输时，确认对方的发送

C. 启动S帧，用于启动应用层传输

D. 测试U帧，双方均无发送时，维持链路活动状态

答案：ABD

105. 配电终端与主站系统的通信应满足 RS-232/RS-485 接口传输速率可选用（　　　）等，以太网接口传输速率可选用 10/100Mbit/s 全双工等。

A. 1200bit/s　　　　B. 2400bit/s　　　　C. 9600bit/s　　　　D. 4800bit/s

答案：ABC

106. 配电有线通信方式主要包括（　　　）。

A. 无光源网络　　　　　　　　　B. 工业以太网

C. 音频电缆　　　　　　　　　　D. 电力载波

答案：ABD

107. 配电通信网建设可以采用（　　　）。

A. 光纤专网　　　　　　　　　　B. 无线公网

C. 无线专网　　　　　　　　　　D. 电力载波

答案：ABCD

108. 无线公网通信主要包括（　　　　）。

A. GPRS　　　　　　B. CDMA　　　　　C. EDGE　　　　D. 3G

答案：ABCD

109. 信息交互总线的设计原则包括（　　　　）。

A. 统一信息模型　　　　　　　　　　B. 统一设备编码

C. 数据唯一　　　　　　　　　　　　D. 互联性和开放性

答案：ABCD

110. TCP/IP 参考模型中没有（　　　　）。

A. 网络层　　　　　B. 传输层　　　　　C. 会话层　　　　D. 表示层

答案：CD

111. 遥控报文的类型标识为（　　　　）。

A. 44　　　　　　　B. 45　　　　　　　C. 46　　　　　　D. 47

答案：BC

112. 电力通信网应具备（　　　　）等特点。

A. 高度可靠　　　　　　　　　　　　B. 低成本

C. 传输时延低　　　　　　　　　　　D. 安全性要求高

答案：ACD

113. 配电骨干通信网的技术体制主要包含有（　　　　）。

A. OTN　　　　　　B. TVN　　　　　　C. SDH　　　　　D. MSTP

答案：ABCD

114. 终端以太网 IP 协议应同时支持（　　　）和（　　　）相关要求。

A. IPv4　　　　　　B. IPv5　　　　　　C. IPv6　　　　　D. IPv7

答案：AC

115. 心跳测试过程，配电终端遥测上送时采取（　　　）加（　　　）的方式进行传输。

A. 手动上送　　　　　　　　　　　　B. 定时上送

C. 变化上送　　　　　　　　　　　　D. 随机上送

答案：BC

116. 智能配变终端本地通信 RS-232/RS-485 接口传输速率可选用（　　　）。

A. 1200bit/s　　　　B. 2400bit/s　　　C. 9600bit/s　　　D. 19200bit/s

答案：CD

117. 时钟读取命令包含（　　　　）。

A. 报文长度 L　　　　　　　　　　　B. 控制域 C

C. 类型标识符 TI　　　　　　　　　　D. 可变帧长限定词 VSQ

答案：ABCD

118. GPRS 方式产生的流量主要包括（　　　　）。

A. 自身心跳　　　　　　　　　　　　B. 链路测试

C．故障测试 　　　　　　　　　　D．正常业务

答案：ABD

119．数据隔离组件采用"2＋1"系统架构，这三个系统架构分别是（　　）。

A．内网安全主机　　　　　　　　B．外网安全主机

C．加密模块　　　　　　　　　　D．专用物理隔离数据交换模块

答案：ABD

120．开展漏洞扫描的主要目的包括（　　）。

A．资产发现与管理　　　　　　　B．脆弱性扫描与分析

C．脆弱性风险评估　　　　　　　D．弱点修复指导

答案：ABCD

121．以下对电力专用横向安全隔离装置中虚拟地址的理解正确的是（　　）。

A．内网虚拟地址相当于外网某一地址在内网的映射

B．内网向外网发送数据目的地址应为外网虚拟地址

C．外网向内网发送数据目的地址应为内网虚拟地址

D．正向隔离装置配置中，同一外网虚拟地址可对应两台不同外网主机

答案：BC

122．正向与反向电力专用横向安全隔离装置的区别，以下说法正确的是（　　）。

A．正向安全隔离装置适用于传输实时数据

B．反向安全隔离装置允许反向返回任何数据

C．反向安全隔离装置有一定的加密处理

D．正向安全隔离装置平均传输速率较高

答案：ACD

123．包过滤防火墙技术，通常阻止（　　）。

A．来自未授权的源地址且目的地址为防火墙地址的所有入站数据包（除 Email 传递等特殊用处的端口外）

B．源地址是内部网络地址的所有入站数据包

C．所有 ICMP 类型的入站数据包

D．来自未授权的源地址，包含 SNMP 的所有入站数据包

答案：ABD

124．防火墙的基本功能有（　　）。

A．过滤进、出网络的数据

B．管理进、出网络的访问行为

C．记录通过防火墙的信息内容和活动

D．封堵某些禁止的业务，对网络攻击进行检测和报警

答案：ABCD

125．电力监控系统中防火墙必须配置的用户类型有（　　）。

A. 管理员   B. 虚系统用户

C. 审计员   D. 浏览者

答案：AC

126. 病毒传播的途径有（   ）。

A. 移动硬盘   B. 内存条

C. 电子邮件   D. 网络浏览

答案：ACD

127. 提高电力监控系统防恶意代码能力，定期使用系统扫描工具进行系统扫描，包括
（   ），以发现潜在的恶意代码。

A. 物理扫描   B. 网络扫描

C. 数据扫描   D. 主机扫描

答案：BD

128. 一般来说，允许远程访问厂站端网络设备的有（   ）。

A. 网管系统   B. 审计系统

C. 主站核心设备   D. EMS 前置机

答案：ABC

129. 系统日志检测，一般可以检测出的问题包括（   ）。

A. 未授权的访问和异常登录   B. 隐藏账号信息

C. 未授权的非法程序或服务   D. Web 的异常访问情况

答案：ACD

130. 服务器安全中用户鉴别分为（   ）。

A. 基本鉴别   B. 不可伪造鉴别

C. 多机制鉴别   D. 重新鉴别

答案：ABCD

131. 以下属于 VPN 技术的是（   ）。

A. SSH   B. MPLS   C. L2TP   D. IPsec

答案：BCD

132. 防火墙产品的安全机制有（   ）。

A. 安全岛   B. 逻辑隔离

C. 报文控制   D. 访问过滤

答案：BCD

133. 信息安全评估主要包括（   ）三要素。

A. 资产   B. 危险   C. 威胁   D. 脆弱性

答案：ACD

134. 应用层防火墙的特点有（   ）。

A. 更有效的阻止应用层攻击   B. 工作在 OSI 模型的第七层

C. 速度快且对用户透明   D. 比较容易进行审计

答案：ABD

135. 防火墙不能防止的攻击有（   ）。

A. 内部网络用户的攻击   B. 传送已感染病毒的软件和文件

C. 外部网络用户的 IP 地址欺骗   D. 数据驱动型的攻击

答案：ABD

136. 调控中心应当具有（   ）等安全防护手段，提高电力监控系统整体安全防护能力。

A. 病毒防护   B. 入侵检测

C. 安全审计   D. 安全管理平台

答案：ABCD

137. 计算机病毒是指能够（   ）的一组计算机指令或者程序代码。

A. 毁坏计算机数据   B. 自我复制

C. 破坏计算机功能   D. 危害计算机操作人员健康

答案：ABC

138. 生产控制大区可以分为（   ）。

A. 管理区   B. 信息区

C. 控制区   D. 非控制区

答案：CD

139. 网络服务采取白名单方式管理，只允许开放（   ）等特定服务。

A. SNMP   B. SSH   C. NTP   D. TCP

答案：ABC

140. 应禁止用户通过（   ）等方式连接互联网。

A. 拨号   B. 3G 网卡   C. 无线网卡   D. IE 代理

答案：ABCD

141. 为实现网络设备的日志与安全审计，必须进行的配置有（   ）。

A. SNMP 协议安全配置

B. 启用日志审计功能

C. 配置远方日志服务器上传地址

D. 审计账号的安全配置

答案：ABC

142. 国家电网有限公司一直以来高度重视等级保护工作，国家电网有限公司相关要求包括（   ）、全面夯实基础技术措施。

A. 常态化开展等级保护专项督查工作

B. 全面夯实基础技术措施

C. 建立等级保护管理多元机制

D. 建立等级保护管理长效机制

答案：ABD

143. 网络安全的风险要素包括（　　）。

A. 身份真实性　　　　　　　　　　　B. 机密性

C. 不可抵赖性　　　　　　　　　　　D. 完整性

答案：ABCD

144. 为了抵御外界恶意攻击，保护网络安全，配电加密认证装置、（　　）、正/反向隔离装置等技术应运而生。

A. 配电专用安全接入网关　　　　　　B. 数据隔离组件

C. 防火墙　　　　　　　　　　　　　D. 漏洞扫描

答案：ABCD

145. 配电加密认证装置的技术指标有（　　）。

A. 对称算法　　　　　　　　　　　　B. 非对称算法

C. 摘要算法　　　　　　　　　　　　D. 奇偶加密算法

答案：ABC

146. 终端在（　　）时，安全芯片内的密钥是测试态。

A. 生产　　　　　　　　　　　　　　B. 测试

C. 正式挂装时　　　　　　　　　　　D. 返厂维修时

答案：ABD

147. 传统配电自动化系统的防护漏洞有（　　）。

A. 可能通过配电自动化系统攻击 EMS

B. 通过终端、通信设备攻击主站

C. 通过终端远程遥控其他终端

D. 配电终端采用软加密模块，效率低、密钥安全性无法保证

答案：ABCD

148.《中华人民共和国网络安全法》中要求，网络运营者应当制定网络安全事件应急预案，及时处置（　　）等安全风险。

A. 系统漏洞　　　　　　　　　　　　B. 计算机病毒

C. 网络攻击　　　　　　　　　　　　D. 网络侵入

答案：ABCD

149. 针对配电自动化系统（　　）等特点，采用基于数字证书的认证技术及基于国产商用密码算法的加密技术,实现配电主站与配电终端间的双向身份鉴别及业务数据的加密,确保数据完整性和机密性。

A. 点多面广　　　　　　　　　　　　B. 分布广泛

C. 独立运行　　　　　　　　　　　　D. 户外运行

答案：ABD

150. 生产控制大区采集应用部分应配置配电加密认证装置，对下行控制命令、远程参数设置等报文采用国产商用非对称密码算法（   ）进行签名操作，实现配电终端对配电主站的身份鉴别与报文完整性保护。

A．SM1 　　　　　　　B．SM2 　　　　　　　C．SM3 　　　　　　　D．SM4

答案：BC

151. 数据隔离组件提供的功能包括（   ）。

A．单向访问控制 　　　　　　　　　　B．网络安全隔离

C．外网资源保护 　　　　　　　　　　D．数据交换管理

答案：BD

152. 以下采用硬件防火墙进行隔离的有（   ）。

A．光纤专网通信，配电终端与配电安全接入网关之间

B．无线专网通信，配电终端与配电安全接入网关之间

C．无线公网通信，配电终端与数据隔离组件之间

D．管理信息大区内部系统之间

答案：BCD

二、判断题

1. 终端无线公网、电力无线专网、电力线载波、微功率无线等通信模块应采用模块化设计，根据需求更换和选择。 （对）

2. 在网络层协议要求方面，终端以太网中的网络层 IP 协议能够支持 IPv4 的要求即可。 （错）

3. 终端远程通信模块指示灯中 PWR 代表模块通信状态指示。 （错）

4. 当 LTE Modem 出现故障时，可以通过正确的命令开启或者关闭 LTE 接口记录日志功能以定位问题。 （对）

5. RS-232 驱动接口和 RS-485 驱动接口统一通过 linux tty 设备/dev/ttyRS［x］向用户提供接口，x 表示 RS 索引号，支持 open、close、read、write 等操作。 （对）

6. 执行 monitorctl{-s|-c|-m|-i}命令，可以判断当前设备是否发生故障或处于异常的工作状态。 （对）

7. 工业以太网设备能够工作在更宽广的温度范围之内：−40～+65℃之间。 （错）

8. 主站在主从式传输方式下是启动站，它启动所有报文传输；子站是从动站，当从站有数据变化时即可主动上送主站。 （错）

9. 101/104 规约是配电终端常用的通信规约。 （对）

10. 为了考虑升级扩容，EPON 系统设计时应保留光功率裕度。 （对）

11. IEB 是一种企业级服务总线，它遵循 IEC 标准规范，通过规范电力企业应用系统间的接口，实现电力企业应用系统间信息交换。 （对）

12．光纤通信系统主要由发送设备、接收设备、传输光缆三部分组成。 （对）

13．104 规约支持定时总召和手动召唤，回答总召唤时必须用（SQ＝1）连续地址方式传送。 （对）

14．配电主站向配电终端发出"选择命令"报文，终端用可变帧长的确认报文来回复主站。 （错）

15．配电主站收到了配电终端的"启动链路"报文后，将对该终端进行总召唤过程。 （错）

16．非平衡传输过程用于监视控制和数据采集系统（SCADA），主站顺序查询子站以控制数据传输是一种主从式传输方式。 （对）

17．ASDU 的最大长度限制在 249 以内，因为 APDU 域的最大长度是 253（APDU 最大值等于 255 减去启动和长度八位位组），控制域的长度是 4 个八位位组。 （对）

18．数据单元标识符的结构中应用服务数据单元公共地址是 3 个字节。 （错）

19．主站收到终端发出的"升级确认"报文后，向从站发送"写文件过程"的相关报文进行软件升级。 （对）

20．非平衡方式下，如果一个报文不论在控制方向或监视方向上，经过最大的报文重发次数（次数可设置、每次重发时间间隔可设置）仍无法被对方正常接收，即可判断为配电终端退出或通道故障。 （对）

21．在平衡传输方式下，如果由于通道等原因出现了主站确认回复报文丢失或者误码的情况时，终端在等待 1s 后继续重发上一帧遥信数据报文，FCB 位不翻转，如果重发一次或者两次成功，收到主站的确认回复报文，则清除遥信缓存继续执行其他任务。 （对）

22．因串口通道能实现专线专用，故比网络通道有更强的趋势和前景。 （错）

23．光纤有良好的双向传播特性。 （错）

24．RS-232C 接口的传输通信方式为非平衡传输通信方式。 （对）

25．串行传输的传输信息速度快，可高达每秒几百兆字节，但由于并行传输信号线较多，成本高，所以一般适于传输距离短且要求高速传送的场合。 （错）

26．脉冲对时是利用外来的标准分脉冲给计数器的秒位清零，这样就可以得到相对准确的对时。 （对）

27．传输网又分为骨干通信网和终端通信接入网。 （对）

28．电力通信网典型的省级骨干通信网已建成覆盖总部、区域、省、地、县，连接各级变电站、供电所、营业厅的通信网，实现了四级骨干通信网的分级分层。 （对）

29．分光器分光比例越高，光衰耗越小。 （错）

30．常规配电自动化建设模式中，电缆线路、架空或混合线路主要采用光纤通信方式。 （错）

31．光纤通信是以光波作为信息载体，以光导纤维作为传输介质的先进的通信手段。 （对）

32．每个骨干通信网中至少有两个连接点与其他骨干通信网相连接。 （错）

33. 通过无线信道传输数据的终端模块即为无线终端。 （对）

34. 终端通信接入网是以 110kV/66kV/35kV 变电站为起点，沿 10kV 配电线路覆盖配电自动化站点和用户表的通信网络。 （对）

35. 采用无线公网通信时，运行商服务器到主站之间采用光纤专线方式。 （对）

36. 配电终端日志文件名称统一采用 Vlog。 （错）

37. 信息元素定义了可分割变量，例如测值或双点信息。 （错）

38. 104 规约采用平衡方式传输，一般情况下配电主站作为客户端（client），配电终端为服务器端（server），对于某些使用特殊场合（如 GPRS 模块为动态 IP）也可是配电终端作为客户端（client），配电主站为服务器端（server）。 （对）

39. 在 TCP/IP 协议中 TCP 提供可靠的面向连接服务 UDP 提供简单的无连接服务而电子邮件、文件传送协议等应用层服务是分别建立在 TCP 协议、UDP 协议、TCP 或 UDP 协议之上的。 （对）

40. 配电自动化系统与调度自动化系统、PMS 系统、电网 GIS 平台、营销业务系统等其他系统的信息交互，应采用信息交换总线实现数据共享和应用集成。 （对）

41. 问答式远动规约即主站发出一个主动的询问或操作命令，远动终端设备回答一个被动的信息或响应，由此一问一答构成一个完整的传输过程。 （对）

42. 公共信息模型 CIM 是信息共享的模型，它本身也是一个数据库。 （错）

43. 未清除 IP 地址标识属于安全类设备开启危险端口。 （错）

44. 计算机病毒的特征是：传染性、隐蔽性、危害性。 （对）

45. 实现配电自动化主站系统的分安全区采集应用，"三遥"（遥控、遥测、遥信）终端数据通过前置采集区接入生产控制大区采集应用部分。 （错）

46. 安全岛在对抽取的数据进行检查时网络实际上处于断开状态。 （对）

47. 安全芯片供电电压为 2.7~5.5V，最大工作电流为 30mA。 （对）

48. 安全芯片应具备的安全特性：真随机数发生器（至少具有 4 个独立随机数源），存储器保护单元，存储器数据加密，内置电压、频率、温度检测告警机制。 （对）

49. 登录管理要求：人员远程登录应使用 SSH 协议，禁止使用 Telnet、Rlogin 其他协议远程登录。 （对）

50. 电力系统安全防护的基本原则是安全等级较低的系统不受安全等级较高系统的影响。 （错）

51. 电网 GIS 平台侧重于电网运行设备的实时监控与方式调度，而配电自动化系统侧重于电网设备资产管理和空间信息描述和拓扑表达，在模型描述、建模粒度、管理方式均存在差异。 （错）

52. 故障指示器不需要满足《国家电网公司配电自动化系统安全防护方案》信息安全防护配置的要求。 （错）

53. 模型校验根据电网模型信息及设备连接关系对图模数据进行静态分析。 （对）

54. 配电运行监控应用与配电运行状态管控应用之间为大区边界，应采用电力专用横

向单向安全隔离装置。 （对）

55．数据隔离组件是利用网络隔离技术实现的访问控制产品，它处于管理信息大区的安全接入区的网络边界，连接两个或多个安全等级不同的网络，对重点数据提供高安全隔离的保护。 （对）

56．数字证书是电子的凭证，用来验证终端的合法身份。 （对）

57．双向访问控制是进行数据报文的双向访问控制，严格控制终端访问应用。 （对）

58．当采用专用通信网络时，应在安全接入区配置配电安全接入网关，采用国产商用非对称密码算法实现配电终端对配电安全接入网关的身份鉴别和报文完整性保护。 （错）

59．加强配电终端服务和端口管理、密码管理、运维管控、外接加密芯片等措施，提高终端的防护水平。 （错）

60．配电终端与主站之间的业务数据采用基于国产对称密码算法的加密措施，实现配电终端与主站间的身份鉴别。 （错）

61．安全区边界应当采取必要的安全防护措施，禁止任何穿越生产控制大区和管理信息大区之间边界的通用网络服务。 （对）

62．《配电自动化系统网络安全防护方案》（运检三〔2017〕6 号文附件 2）中要求，接入生产控制大区的配电终端均通过安全接入区接入配电主站。 （对）

63．《配电自动化系统网络安全防护方案》（运检三〔2017〕6 号文附件 2）中要求，配电自动化终端接入配电自动化主站时，当采用 GPRS/CDMA 等公共无线网络时，应当启用公网自身提供的安全措施之一是通过认证服务器对接入终端进行身份认证和地址分配。 （对）

64．防火墙应能够实时或者以报表形式输出流量统计结果。 （对）

65．隔离设备、防火墙设备应设置双机热备，并定期离线备份配置文件。 （对）

66．防火墙技术不能阻止被病毒感染的程序或文件的传递。 （对）

67．配电加密认证装置部署在配电系统主站外部，与配电主站前置服务器串连。（错）

68．配电加密认证装置在实际应用中，主站应用服务器通过 TCP/IP 协议与配电加密认证装置连接，配电主站软件通过调用 API 函数来调用装置提供的服务。 （对）

69．配电加密认证装置 IC 卡损坏，严禁随便丢弃，必须交还给本单位配电自动化专责，由本单位配电自动化专责统一处理。 （错）

70．配电安全接入网关对非法终端或未完成身份认证的终端，禁止与采集服务器建立连接，实现对接入终端合法性的管控。 （对）

71．配电安全接入网关提供基于可信计算的配电终端和接入网关双向身份认证功能。 （错）

72．数据隔离组件应具备双向访问控制、网络安全隔离、内网资源保护、数据交换管理、数据内容过滤等功能，实现边界安全隔离，防止非法链接穿透内网直接进行访问。（对）

73．数据隔离组件网络安全隔离功能是提供第三方有线或无线网络和电力信息网络的安全隔离功能。 （对）

74．数据隔离组件应用资源映射功能是实现终端应用数据的映射和安全代理转发，屏蔽外网真实服务，保护内网系统安全。 （错）

75．数据隔离组件应取得公安部销售许可证。 （对）

76．配电自动化系统漏洞扫描及风险监测工具利用漏洞扫描与检测技术，快速发现网络资产，识别资产属性、全面扫描安全漏洞，清晰定性安全风险，批量发现配电终端、应用软件以及支撑他们运行的服务器、数据库、网络设备的安全风险。 （对）

77．在计算机上安装防病毒软件之后，就不必担心计算机受到病毒攻击。 （错）

78．计算机病毒可能在用户打开 txt 文件时被启动。 （对）

79．生产控制大区与管理信息大区可以共用一套防恶意代码管理服务器。 （错）

80．防恶意代码系统加固时，病毒库代码的更新需使用 U 盘和专机查杀等技术手段，避免因跨区拷贝导致外网恶意代码引入到安全区内造成重大安全隐患。 （错）

81．SM2 是国家密码管理局发布的椭圆曲线公钥密码算法。 （对）

82．防火墙的外网口应禁止 ping 测试，内网口可以不限制。 （错）

83．在配电安全接入网关中，只许开放安全接入网关管理口监听运维系统连接的端口即可，其余 IP 和端口全部设置成关闭。 （对）

84．各业务系统位于生产控制大区的工作站、服务器均严格禁止以各种方式开通与互联网的连接。 （对）

85．配电终端与终端运维工具之间采用双向身份鉴别措施。 （错）

86．允许通过一个区域的 ONU 访问另一个相邻区域的 ONU，禁止通过 ONU 远程配置 OLT。 （错）

87．电力二次系统安全评估方式以自评估与检查评估相结合的方式开展，并纳入电力系统安全评价体系。 （对）

88．抵御网络攻击将成为电网运行的核心安全问题之一。 （对）

89．现场配电终端要求不允许开启 http 服务。 （对）

90．网络运行安全应采取防范计算机病毒和网络攻击、网络侵入等危害网络安全行为的技术措施。 （对）

91．公开密钥快速而强健。 （错）

92．Alice 使用她的私钥加密整个信息，所有人都可以解密这个信息。 （对）

93．用户可以用自己的公钥加密信息，来实现对该信息的数字签名。 （错）

94．配电终端应禁用 FTP、Telnet、Web 访问等服务，如确有业务需要，应使用 SSH 服务，并使用弱口令。 （错）

95．允许远程维护配电自动化系统。 （错）

96．反向型隔离装置用于安全区Ⅲ到安全区Ⅰ/Ⅱ的单向数据传递。 （对）

97．防火墙通过设置特定的规则允许安全域之间的网络通信，除此之外阻断所有其他安全域之间的网络通信。 （对）

98．终端上线前，密钥、证书均为正式密钥、证书。 （错）

99．路由器、交换机升级为最新稳定版本，且同一品牌、同一型号版本应实现版本统一，设备使用的软件版本应为经过指定部门测试的最新稳定版本。 （错）

100．配电加密认证装置应配置 IC 卡/USB Key 认证。 （错）

101．口令长度不得小于 8 位，要求数字、字母和特殊字符的组合并不得与用户名相同，口令应定期更换，禁止明文存储。 （对）

102．超级弱口令检查工具主要功能是对 FTP、Telnet、SSH 服务等口令进行暴力破解，检测其是否存在系统漏洞问题。 （错）

103．配电自动化系统网络安全防护检测工具支持多任务并行扫描。 （对）

104．Windows 系统中"SMTP 虚拟服务器"前面出现红色禁用标记即证明已经禁用 SMTP 服务。 （对）

105．纵向加密认证是电力监控系统安全防护体系的纵向防线。采用认证、加密、访问控制等技术措施实现数据的远方安全传输以及纵向边界的安全防护。 （对）

106．《电力行业信息安全等级保护管理办法》国能安全（2014）318 号文中规定非涉密电力信息系统不得处理国家秘密信息。 （对）

107．4 个字节不是横向正向安全隔离装置的返回应答信息。 （对）

108．接入管理信息大区采集应用部分的"二遥"配电终端通过内嵌一颗安全芯片，实现双向的身份认证、数据加密。 （对）

109．对存量配电终端进行升级改造，可通过在终端外串接内嵌安全芯片的配电加密盒，满足"二遥"配电终端的安全防护强度要求。 （对）

110．安全加固工作是通过人工的方式进行的，不可以借助特定的安全加固工具进行。 （错）

111．可使用 Telnet 协议对电力监控系统网络设备进行远端维护，但必须要进行严格的身份认证，严禁使用初始用户名、密码。 （错）

112．使用的 SNMP 协议主要使用 V1、V2、V3 三个版本。 （错）

113．防火墙黑名单库的大小和过滤的有效性是内容过滤产品非常重要的指标。 （对）

114．电力专用横向单向安全隔离装置支持基于状态检测的报文过滤技术。 （对）

115．正向安全隔离装置用于从管理信息大区到生产控制大区的单向数据传输，是管理信息大区到生产控制大区的唯一数据传输途径。 （错）

116．传统配电自动化系统的安防重点主站层面主要有采用软加密，密钥安全性无法保证等问题。 （错）

117．2010 年"震网"病毒事件是全球首例公开报道的因黑客攻击导致大范围停电事件。 （错）

118．解决数字私钥签名数据速度慢的解决方法是签名一个短的数字摘要信息。 （对）

119．配电加密装置对远程参数设置、程序升级等信息采用国产商用对称密码算法进行加解密操作。 （错）

120．配电加密认证装置使用对称算法，不运用非对称算法。 （错）

121．在配电自动化系统跨区边界、与调度自动化系统边界、与安全接入区边界加装正反向物理装置。 （对）

122．根据电力行业及公司相关规定，配电自动化业务部署在生产控制大区，可采用"单向认证（基于非对称密码算法）""单向认证＋对称加密""双向认证＋非对称加密"三种防护模式。 （错）

123．终端可不支持软件签名校验。 （错）

三、问答题

1．绘制配电自动化系统的结构并标注不同等级的安全防护部分，简述安全防护（B1～B7）的应用范围。

答：配电自动化系统结构及安全防护等级示意图如图 4-1 所示，安全防护（B1～B7）的应用范围为：

（1）生产控制大区采集应用部分与调度自动化系统边界的安全防护（B1）；

（2）生产控制大区采集应用部分与管理信息大区采集应用部分边界的安全防护（B2）；

（3）生产控制大区采集应用部分与安全接入区边界的安全防护（B3）；

（4）安全接入区纵向通信的安全防护（B4）；

（5）管理信息大区采集应用部分纵向通信的安全防护（B5）；

（6）配电终端的安全防护（B6）；

（7）管理信息大区采集应用部分与其他系统边界的安全防护（B7）。

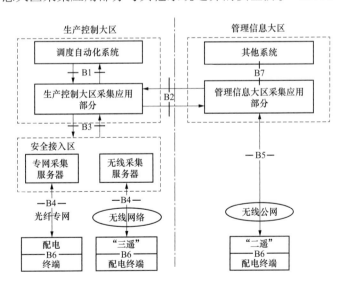

图 4-1　配电自动化系统结构及安全防护等级示意图

2．在某次调试过程中，测试人员截取以下报文：

68 2A 2A 68 08 9B 00 03 0B 05 00 9B 00 1D 00 02 1C 00 02 03 00 02 03 00 01 1D 00 01

1C 00 01 1D 00 02 03 00 02 03 00 02 03 00 02 1C 00 02 1D 00 01 1C 00 01 4F 16

请分析：

（1）该报文的规约类型数据是 IEC 104 还是 IEC 101？

（2）遥信点 28（十进制）与遥信点 29（十进制）的状态。

答：（1）该段报文符合 IEC101 的帧格式。

（2）从报文中可以看出遥信点 3、28、29 多次变位，最后遥信点 28（0X001CH）与 29 点（0X001D）的值为 0X01H，即均为分。

3. 报文如下：68 22 E4 03 84 92 0D 04 03 00 28 01 50 40 00 00 00 70 43 00 6E 40 00 00 00 98 41 00 7D 40 00 00 40 39 44 00

请分析：

（1）该报文的规约类型数据是 IEC 104 还是 IEC 101？

（2）判断 ASDU 类型标识及其含义、链路地址。

（3）判断点号为 16509（十进制）的点的值（以报文字节作答）。

（4）请将 16509（十进制）的点的报文字节转换为十进制（保留 2 位小数）。

答：应用规约数据单元长度：0X22H＝34。

0X03E4H 为发送序号，0X9284H 为接受序号。

类型标识符：0X0DH＝13，即为短浮点数。

可变结构限定词：0X04H（SQ＝0，Num＝4），说明每个信息体分别带有信息体地址，且共有 4 个遥测量。

传输原因＝0X0003H＝3，即自发。

APDU 地址链路地址，0X0128＝296

IEC 104 中遥测数据格式为：3 个字节起始地址＋4 个字节的遥测值＋1 个字节的品质描述。而 16509＝0X407DH，有 3 个字节表示信息体地址。即 7D 40 00（低位在前，高位在后），可以看出报文中对应字节应为 00 40 39 44 。

（1）该段报文符合 IEC 104 的帧格式。

（2）类型标识符 13 为短浮点数，链路地址 296。

（3）00 40 39 44。

（4）741.00。

4. 配电自动化系统网络安全防护方案的防护目标是什么？

答：防护目标是抵御黑客、恶意代码等通过各种形式对配电自动化系统发起的恶意破坏和攻击，以及其他非法操作，防止系统瘫痪和失控，并由此导致的配电网一次系统事故。

5. 当采用 GPRS/CDMA 等公共无线网络时，应当启用公网自身提供的安全措施包括哪些？

答：应当启用的安全措施有：

（1）采用 APN＋VPN 或 VPDN 技术实现无线虚拟专有通道；

（2）通过认证服务器对接入终端进行身份认证和地址分配；

（3）在主站系统和公共网络采用有线专线＋GRE 等手段。

6．当采用无线专网时，相关安全防护措施包括哪些？

答：相关安全防护措施有：

（1）应启用无线网络自身提供的链路接入安全措施；

（2）应在安全接入区配置配电安全接入网关，采用国产商用非对称密码算法实现配电安全接入网关与配电终端的双向身份认证；

（3）应配置硬件防火墙，实现无线网络与安全接入区的隔离。

7．简述 101 规约中固定帧的作用。

答：主要用于链路状态管理、数据召唤、报文确认。

8．简述 101 规约中可变帧的作用。

答：主要用于信息报文、控制命令传输，即用作主站与终端之间的信息交换。

9．简述 104 规约中，时钟同步指令的简单过程。

答：当配电主站采用当前时间同步配电终端时间时，配电主站发出的下行命令携带配电主站当前时间信息（包含星期，星期使用 1～7），配电终端在收到配电主站的时钟同步命令后按照命令所携带的时间信息修改本地时钟，修改完成后以配电终端修改时钟后的本地时间作为回复指令里的时间信息。

10. 在某次调试过程中，测试人员截取以下报文：68 14 02 00 02 00 67 01 06 00 01 00 00 00 00 23 B3 39 0F 38 08 0F

请分析：

（1）该报文的作用是什么？

（2）说明报文中时标表示的时间（精确到毫秒）。

答：从报文格式看出其为 104 报文，类型标识（TI）：67H，为时钟同步报文。传送原因（COS）：0006H，为激活，即主站下发的对时命令。

（1）该报文为主站下发对时命令的报文。

（2）时间是 2015 年 8 月 24 日星期一 15 时 57 分 45 秒 859 毫秒。

11. 简述 104 规约中通信链路以及链路完成后数据交互过程，并画出示意图。

答：主站启动链路，发送链路请求，子站回复链路确认帧，上行初始化结束帧（TI＝70），标志链路链接完成；主站后续发送总召报文（COT＝06 TI＝100），子站响应报文（COT＝7 TI＝100）后，即上行通信、遥测报文（COT＝20），数据上送完成，上行总召结束帧（TI＝100 COT＝10），标志总召结束；主站后续下行时钟同步命令（TI＝103 COT＝6），子站接收到报文后，立即更新系统时钟，然后发送时钟同步确认报文（TI＝103 COT＝7），标志时钟同步命令结束；后续子站若有报文上行，则主站回复 S 帧确认，若无报文上行，则主站发起测试帧。104 规约数据交互示意图如图 4-2 所示。

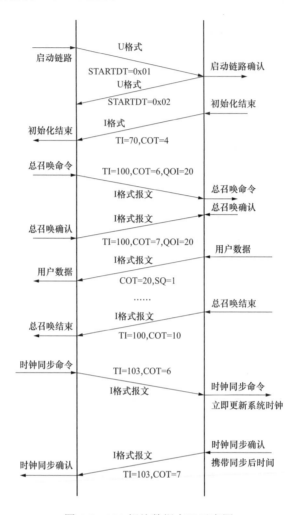

图 4-2 104 规约数据交互示意图

12．简述 101 非平衡链路传输模式中遥控过程，并画出示意图。

答： 主站向终端发送"选择命令"（COT=6）报文，终端用固定帧长的确认报文来回复主站，主站在收到终端的确认报文后，发出"请求 1 级用户数据"报文召唤终端，如果终端已经准备好接收下达命令，终端发出"选择确认"（COT=7）报文；当主站继续遥控执行，则主站向终端发送"遥控执行"（COT=06）请求，终端用固定帧长的确认报文回复主站，主站收到确认后，发送"请求 1 级用户数据"报文召唤终端，如果被指定的控制操作将被执行，终端用"执行确认"（COT=7）报文响应；主站发送"请求 1 级用户数据"，确认终端执行结束后，回复"执行结束"（COT=10），标志遥控执行完成。101 平衡链路传输遥控发令示意图如图 4-3 所示。

13．请解释"三道防线"的含义。

答： "三道防线"的含义分别为：

第一道防线是指正常运行方式下的电力系统受到单一故障扰动后，由继电保护装置正确动作迅速切除故障，保持电力系统稳定运行和电网的正常供电。

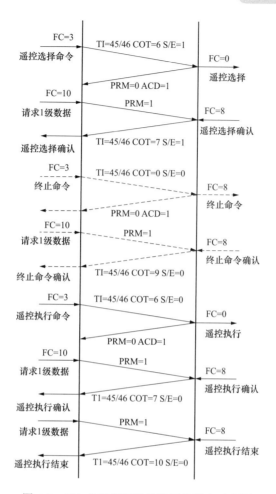

图 4-3　101 非平衡链路传输遥控发令示意图

第二道防线是指正常运行方式下的电力系统受到较严重的故障扰动后，继电保护装置正确动作后，由切除发电机和切除负荷等稳定运行。

第三道防线是指电力系统的稳定破坏后，由防止事故扩大的稳定控制施构成第三道防线。

14．为什么要划分子网？子网掩码的作用是什么？

答：由于 Internet 的每台主机都需要分配一个唯一的 IP 地址，因此分配的 IP 地址很多，这将使路由器的路由表变得很大，进而影响了路由器在进行路由选择时的工作效率。解决这个问题的方法就是将一个大的网络划分为几个较小的网络，每个小的网络成为一个子网。当一个分组到达一个路由器时，路由器应该能够判断出 IP 地址的网络地址。子网掩码用来判断 IP 地址的哪一部分是网络号与子网号，哪一部分是主机号。为了完成这种编号分离，路由器将对 IP 地址和子网掩码进行"与"运算。

15．前置通信服务器的主要功能有哪些？

答：前置通信服务器的主要功能有：

（1）实现多规约的 RTU 收发功能；

（2）实现多规约转发功能；

（3）将收到的各 RTU 数据进行预处理，并传送给主机；

（4）统计各通道运行情况；

（5）可以实现 GPS 的对时功能。

16．配电自动化系统通信建设有什么原则？

答：配电自动化系统通信建设原则有：

（1）配电通信网络应满足实时性、可靠性等要求。

（2）骨干网（四级）宜采用光纤专网，终端通信接入网采用无源光网络时应使用专用纤芯。

（3）接入网主要包括光纤专网、配电线载波、无线专网和无线公网等多种方式，应因地制宜，综合采用多种通信方式，并支持 SDH、工业以太网与无源光网络混合组网通信。

（4）终端通信接入网应规范接口、统一管理。

17．根据国能安全〔2015〕36 号文，目前省级能量管理系统的物理边界有哪些？应采取哪种防护措施？

答：（1）拨号网络边界：远方用户使用安全加固的操作系统平台，结合数字证书技术，进行登录认证和访问认证。并对其登录到本地系统中的操作行为，进行严格的安全审计。

（2）传统专用远动通道：采用必要的身份认证或加解密装置进行防护。

（3）纵向网络边界：采用电力专用纵向加密认证装置，实现双向身份认证、数据加密和访问控制。

（4）横向网络边界：与非控制区用防火墙隔离，与管理信息大区用电力专用横向单向安全隔离装置隔离，与公网通过安全接入区实现信息的安全接入。

18．电力监控系统安全防护评估中的资产、威胁及脆弱性的含义是什么？

答：电力监控系统安全防护评估中的资产、威胁及脆弱性的含义分别为：

资产是指在电力监控系统建设和运行过程中积累起来的具有价值的信息或资源，是安全策略的保护对象。

威胁是指电力监控系统资产可能受到的来自内部和外部的安全侵害。

脆弱性是指电力监控系统资产及其防护措施在安全方面的不足，通常也称为漏洞。脆弱性可能被威胁利用，并对电力监控系统资产造成损害。

19．配电监控系统纵向通信的安全防护要求包括那些方面？

答：配电监控系统主站与子站及终端的通信方式原则上以电力光纤通信为主，主站与主干配电网开关站的通信应当采用电力光纤，在各种通信方式中应当优先采用 EPON 接入方式的光纤技术。对于不其备电力光纤通信条件的末梢配电终端，采用无线通信方式。

无论采用何种通信方式，应当对控制指令与参数设置指令使用基于非对称加密算法的认证加密技术进行安全防护，实现配电网终端对主站的身份鉴别与报文完整性保护。对重要子站及终端的通信可以采用双向认证加密技术，实现配电网终端和主站之间的双向身份鉴别，确保报文的机密性、完整性保护。

20．101 通信规约中状态量信息、模拟量信息、控制量信息、电能量信息、参数信息的信息对象地址是如何分配的？

答：状态量信息 0001H～4000H，模拟量信息 4001H～6000H，控制量信息 6001H～6200H，电能量信息 6401H～6500H，参数信息 8001H～9000H。

21．从最高级到最低级排列用户数据传输的优先级。

答：优先级为：

（1）初始化结束；

（2）总召唤的应答数据（初始化）；

（3）遥控命令的应答报文；

（4）事件顺序记录（SOE）；

（5）总召唤的应答数据（非初始化）；

（6）故障事件；

（7）时钟同步的应答报文；

（8）变化遥测；

（9）复位进程；

（10）文件召唤；

（11）文件传输；

（12）电能量召唤。

22．简述日志信息类型分类。

答：日志信息分为行为类和状态类。

行为类包括：终端重启记录，终端参数修改记录，软件版本升级记录。

状态类包括：通道连接建立于断开记录，通信过程异常记录，装置内部各类插件、元件异常自检记录，装置内部软件进程异常记录，主电源通断及电压异常记录，备用电源通断、活化及电压异常记录，控制回路断线异常记录，开关位置异常记录。

23．浮点化值与归一化值有什么区别？

答：在 101/104 规约中，短浮点数是四个字节，归一化值是两个字节。

归一化值（NVA）是将数值归一化到 0～1 或−1～1 的范围内，电力行业内都是归一化到满码值 3412（对应二次值的 100V、5A、50Hz、1），1.2 倍就是约 4095。用归一化传输的值解析后都是整数，会丧失精度。

浮点数（float 型），数学上也就是实数。104 中用的是短浮点数（32 位），可以很好的保证数值精度。

24．配电自动化系统网络安全防护原则是什么？

答：遵循《电力监控系统安全防护规定》14 号令、《电力监控系统安全防护总体方案》36 号文附件 1 及附件 6 的要求，参照"安全分区、网络专用、横向隔离、纵向认证"的原则，针对配电自动化系统点多面广、分布广泛、户外运行等特点，采用基于数字证书的认证技术及基于国产商用密码算法的加密技术，实现配电主站与配电终端间的双向身份鉴别及业务数据的加密，确保数据完整性和机密性；加强配电主站边界安全防护，与主网调度自动化系统之间采用横向单向安全隔离装置，接入生产控制大区的配电终端均通过安全接入区接入配电主站；加强配电终端服务和端口管理、密码管理、运维管控、内嵌安全芯片等措施，提高终端的防护水平。

25．请说明 RS-232C 串口主要特点是什么。

答：RS-232 接口是计算机中使用频率较高的一个重要接口，信息传送方式有同步传送和异步传送两种，其主要特点为：

（1）信号线少，总共规定了 25 根信号线，利用它可实现全双工或半双工工作，实际工作中，少则用 3 根线，多则用 7 根线就可完成通信工作；

（2）具有可供选择的传送速率，可以灵活应用于不同速率的设备；

（3）传送距离远，一般可达 30m 左右，若利用电流环、传送距离可达 1000m 左右，如加 MODEM，其传送距离更远；

（4）RS-232C 采用负逻辑无间隔不归零电平码。

26．检查网络连通性的方法是什么？

答：用 ping 命令进行测试。

27．请简述以太网交换机的工作原理过程。

答：交换机在端口上接收计算机发送过来的数据帧，根据帧头中的目的 MAC 地址查找 MAC 地址表，然后将该数据帧从对应的端口上转发出去，从而实现数据的交换。交换机的工作过程可以概括为"学习、记忆、接收、查表、转发"等方面。

28．IEC 60870-5-101-2002 规约十六进制报文为"68 09 09 68 [53] 01（2E）01 06 01 01 61 81 8D 16 ..."

问：

（1）对中括号内字的每个二进制位进行解析，要求写出每个二进制位所代表的含义（8 各二进制位编号 D0～D7，D0 为最低位，D7 为最高位）。

（2）小括号内字节含义是什么？

（3）带有下划线的字节的含义是什么？

（4）整个报文的含义是什么？

（要求题目有分析过程）

答：（1）各二进制位的含义为：

D7＝0：保留位；

D6＝1：启动报文位，为 1 表示报文由主站发往厂站；

D5＝0：帧计数位；

D4＝1：帧计数有效位；

D3～D0＝1100：功能码＝03，表示发送/确认。

（2）小括号内字节 2E 为报文类型标识，含义为双位遥控命令。

（3）带有下划线的字为遥控地址，为 6101H。

（4）报文含义为主站下达双点遥控命令，遥控地址为 6101，信息体 81 代表选择控分。

29．简述纵向加密认证装置的基本原理。

答：纵向加密认证装置一般成对出现，两侧设备首先要进行认证，彼此识别，同时生成逻辑隧道，确保数据传输的相对安全；再利用加密技术，两侧设备进行私钥加密，公钥解密，或者公钥加密，私钥解密，从而完成数据加解密传输。

30．配电自动化线路进行通信网络选择时，应满足哪些基本条件？

答：配电自动化线路进行通信网络选择时应满足的基本条件有：

（1）具有高度的可靠性，设备抗电磁干扰能力强；

（2）通信系统的费用应考虑经济性；

（3）满足对通信速率的要求；

（4）具有双向通信能力及可扩展性；

（5）主干通信网应建立备用通信通道；

（6）电网停电或故障时，不影响通信；

（7）通信设备应标准化，容易操作与维修；

（8）通信系统应具有防过电压和防雷能力；

（9）满足业务对通信系统要求；

（10）满足信息安全要求。

31．网络攻击类型有哪些？

答：网络攻击类型有：

（1）阻断攻击：针对可用性攻击；

（2）截取攻击：针对机密性攻击；

（3）篡改攻击：针对完整性攻击；

（4）伪造攻击：针对真实性攻击。

32．电力二次系统的安全防护策略是什么？

答：电力二次系统的安全防护策略：安全分区、网络专用、横向隔离、纵向认证。

33．当采用专用通信网络时，相关的安全防护措施包括哪些？

答：相关防护措施包括：

（1）应当使用独立纤芯（或波长），保证网络隔离通信安全；

（2）应在安全接入区配置配电安全接入网关，采用国产商用非对称密码算法实现配电安全接入网关与配电终端的双向身份认证。

34．简述电力专用横向单向安全隔离装置数据过滤的依据。

答：电力专用横向单向安全隔离装置数据过滤的依据为：

（1）数据包的传输协议类型，容许 TCP 和 UDP；

（2）数据包的源端地址、目的端地址；

（3）数据包的源端口号、目的端口号；

（4）IP 地址和 MAC 地址是否绑定。

35. 电力监控系统中部署防火墙的方式有哪两种?

答:防火墙的两种部署方式分别为:

(1)将防火墙部署在内部网和外部网的接入处,防火墙串接在内部网和外部网之间的路由器上,对外部网进入内部网的数据包进行检查和过滤,抵御来自外部网的攻击。

(2)将防火墙部署在内部网络中重要信息系统服务器的前端,防火墙串接在内部网核心交换机与服务器交换机之间,对内部网用户访问服务器及其应用系统进行控制,防止内部网用户对服务器及其应用系统的非授权访问。

36. 简述非平衡传输规则和平衡传输规则的区别?

答:非平衡传输:配电主站、配电终端以问答方式进行通信,配电终端只能相应配电主站召唤或接受配电主站的命令,不能主动向上发送报文。

平衡传输:一般情况下配电主站、配电终端以问答方式进行通信,在特定情况下(如事件过程、终端就地初始化过程等)配电终端可以主动上送报文。

37. FTU可以使用哪几种通信方式和主站通信?

答:FTU可以使用无线和有线两种通信方式和主站通信,无线方式常用的有无线公网和无线专网,有线通信常用的有载波通信和光纤通信。

38. 通信检测方法的主要方法有哪些?

答:通信检测方法主要有与上级主站通信、校时、状态量采集和模拟量采集。

39. 配电通信网终端设备有哪些?

答:配电通信网终端设备有ONU、工业以太网交换机、电力线载波、终端无线设备

40. 配电主站总召唤有哪两种方式?

答:配电主站总召唤方式有配电主站定时总召唤和手动总召唤。

41. TCP/IP协议子集的用户进程包含了哪四层?

答:TCP/IP协议子集的用户进程包含物理层、链路层、网络层、传输层四层。

42. 遥信报文异常处理机制有哪些?

答:遥信报文异常处理机制:为保证事件不丢失,所有事件必须得到主站的确认;否则将事件进行缓存,缓存遥信条数不少于256条,超出256条遥信则循环覆盖最早的遥信数据。待通信恢复正常后重新上送未被确认的事件,未被确认的事件应该在通信重新建立链路后重复上送,直至被确认为止。如果终端掉电重启后则事件清空,无需再补充上送。

43. 某故障录波配置文件名为BAY02_1034_20181031_052130_929.cfg,该名称里体现了录波的哪些信息?

答:录波文件的名称包含间隔序号、故障录波序号、年月日、时分秒、毫秒、扩展名。该文件表示第2间隔在2018年10月31日5时21分30秒929毫秒发生故障,为该间隔的1034次故障,文件类型为配置文件。

44. 光纤通信系统主要由哪几种设备组成?

答:光纤通信系统主要由电端机、光端机、光缆、光中继装置组成。

45. 根据技术原理，入侵检测系统（intrusion detection system，IDS）可分为哪两个部分？

答：根据技术原理，入侵检测系统 IDS 可为：

（1）基于主机的入侵检测系统（host-based intrusion detection，IDS）；

（2）基于网络的入侵检测系统（network-based intrusion detection system，NIDS）。

46. 一个好的入侵检测系统应具有哪些特点？

答：不需要人工干预、不占用大量系统资源、能及时发现异常行为、可灵活定制用户需求。

47. 简述非对称加密技术数据加密的过程。

答：非对称加密技术数据加密的过程为：

（1）A 发送机密信息给 B，该信息只有 B 可以解密；

（2）A 用 B 的公钥加密（公开）；

（3）B 使用自己的私钥解密（保密）。

48. 简述数字证书包含的内容。

答：数字证书包含用户的姓名、地址等个人信息、用户的公钥、证书的有效期和序列号、证书签发者的名称。

49. 简述典型的 PKI 系统组成。

答：典型的 PKI 系统由认证中心、证书库、密码备份中心、证书撤销处理系统组成。

50. 简述配电加密认证装置需要取得哪些资质要求。

答：配电加密认证装置需取得的资质要求有：

（1）取得国家商用密码产品型号证书；

（2）通过国家密码管理局的测试，取得商用密码产品销售许可证；

（3）取得国家级测试机构的测试报告；

（4）取得中国电科院配电研究所的验证报告。

51. Nmap 基本功能有哪两种？

答：Nmap 基本功能有端口扫描、存活主机发现两种。

52. 请简述路由器的作用。

答：异种网络互连时用于隔离网络、防止网络风暴、路由选择、指定访问规则。

53. 请列举终端通信常用规约（不少于两种）。

答：终端通信常用规约有：101 通信规约、104 通信规约、Modbus RTU、CDT 规约。

54. 判断通信通道质量好坏的常用方法有哪些？

答：判断通信通道质量好坏的常用办法有：

（1）观察远动信号的波形，判断波形失真程度；

（2）环路测量信道信号衰减幅度；

（3）测量信道的信噪比；

（4）测量通道的误码率。

55．入侵检测的内容主要包括哪些？

答：入侵检测的内容主要包括：

（1）独占资源、恶意使用；

（2）试图闯入或成功闯入、冒充其他用户；

（3）安全审计；

（4）违反安全策略、合法用户的泄露。

56．配电安全接入网关有哪些主要功能？

答：配电安全接入网关主要功能为：

（1）提供基于数字证书的配电终端和接入网关双向身份认证功能；

（2）进行网络层安全访问控制，对终端可访问的主站服务器进行严格限制；

（3）实现配电主站通过接入网关主动检测链路状态；

（4）实时监测终端的在线及链路状态。

57．简述防火墙的主要功能。

答：防火墙主要功能为：

（1）监控和审计网络的存取和访问：过滤进出网络的数据，管理进出网络的访问行为，封堵某些禁止的业务，记录通过防火墙的信息内容和活动，对网络攻击进行检测和告警。

（2）部署于网络边界，兼备提供网络地址翻译（NAT）、虚拟专用网（VPN）等功能。

（3）深度检测对某些协议进行相关控制。

（4）攻击防范，扫描检测等。

58．简述移动介质的管理要求。

答：移动介质的管理要求为：

（1）严格专用移动存储介质管理，设置配备自动化专用 U 盘，专用 U 盘严禁与互联网交叉使用，防范跨网入侵风险；

（2）关闭移动存储介质的自动播放或自动打开功能；

（3）关闭光驱的自动播放或自动打开功能。

59．简述日志审计的要求。

答：日志审计的要求为：

（1）配置系统日志策略配置文件，使系统对鉴权事件、登录事件、用户行为事件、物理接口和网络接口接入事件、系统软硬件故障等进行审计；

（2）对审计产生的日志数据分配合理的存储空间和存储时间，按照《中华人民共和国网络安全法》，留存的日志不少于 6 个月；

（3）设置合适的日志配置文件的访问控制避免被普通修改和删除；

（4）采用专用的安全审计系统对审计记录进行查询、统计、分析和生成报表。

60．数据质量码反应了数据的质量情况，数据质量码可以标识的数据有哪几类？

答：数据质量码可以标识的数据分别为：未初始化数据、不合理数据、计算数据、实测数据、采集中断数据、人工数据、坏数据、可疑数据、采集闭锁数据、替代数据、不刷新数据、越限数据等。

61．配电终端配电自动化专用安全芯片有何技术要求？

答：配电终端配电自动化专用安全芯片的技术要求为：

（1）配电终端应集成安全芯片，芯片支持 X.509 标准格式 SM2 数字证书的解析功能、SM1 数据加密和解密功能、SM2 算法的签名和鉴签功能、SM2 算法公私密钥对的产生功能以及消息认证码 MAC 计算和验证功能；

（2）终端和安全芯片采用 SPI 通信，稳定通信速度不低于 5Mbps；

（3）安全芯片供电电压为 2.7 至 5.5V，最大工作电流 30mA；

（4）安全芯片 RAM 空间不小于 16KB，Flash 擦写次数不低于 10 万次，数据保持时间不低于 10 年；

（5）安全芯片应具备安全特性：真随机数发生器（至少具有 4 个独立随机数源），存储器保护单元，存储器数据加密，内置电压、频率、温度检测告警机制；

（6）安全芯片宜采用 VSOP8 封装，管脚定义和封装尺寸详见标准图纸。

62．简述 104 通信规约中，T0、T1、T2、T3 时间的意义。

答：104 通信规约中 T0、T1、T2、T3 时间意义分别为：

T0：建立连接的超时；

T1：发送或测试 APDU 的超时；

T2：无数据报文时确认的超时，且 T2＜T1；

T3：长期空闲状态下发送测试帧的超时。

63．实现纵向加密认证功能的设备有哪些？

答：实现纵向加密认证功能的设备有纵向加密认证装置、加密认证网关。

第五章

保护及馈线自动化

一、选择题

1. 集中型馈线自动化线路大分支线路可装设一级分支断路器，可配置过流保护与变电站出线断路器进行（ ）配合，避免支线故障造成主干线停电。

A．联锁   B．重合闸

C．级差   D．差动保护

答案：C

2. 重合器式馈线自动化应用模式线路分段及联络开关应安装相间 TV，采用 V-V 接线，分别安装于开关两侧，分别检测（ ）；靠近变电站的线路首台开关 TV 仅安装电源侧，不安装负荷侧，防止向变电站倒供电。

A．U_{ab} 与 U_{ac} B．U_{ab} 与 U_{bc}

C．U_a 与 U_b D．U_c 与 U_b

答案：B

3. 在变电站只配置了一次重合闸的情况下，变电站出线开关至线路主线的第一台分段开关 X 时间定值应配置满足重合闸充电完成，一般为（ ）。

A．7～14s   B．7～21s

C．7～35s   D．21～35s

答案：D

4. 集中型馈线自动化宜采用（ ）通信方式，将开关动作信息、故障信息上传主站。

A．无线   B．光纤

C．载波   D．短距离无线传输

答案：B

5. 电压—时间型馈线自动化出线断路器重合闸时间必须大于就地型分段开关的可靠（ ）时间。

A．分闸   B．合闸

C．合闸确认   D．来电延时

答案：A

6. 电压—时间型馈线自动化线路上的瞬时残压最小检出条件为电压值大于 $30\%U_N$（额

146

定电压），持续时间大于（　　）ms。

A．50　　　　　　　B．100　　　　　　　C．200　　　　　　　D．300

答案：B

7．自适应综合型是在电压时间型的基础上，增加了（　　）和来电延时自动选择功能，从而实现参数定值的归一化，满足配电终端不会因网架、运行方式下调整带来的参数调整。

A．故障信息记忆　　　　　　　　　　B．合闸确认

C．闭锁记忆　　　　　　　　　　　　D．重合闸记忆

答案：A

8．集中型馈线自动化配电主站实时监视遥信变位信息，当系统收到配置线路上的（　　）时，认为线路发生短路故障，开始收集对应线路供电网络全面的故障信息。

A．断路器跳闸　　　　　　　　　　　B．保护动作信号

C．断路器异常信号　　　　　　　　　D．断路器跳闸与保护动作信号

答案：D

9．集中型馈线自动化在进行转供方案确定时，需要考虑转供线路的（　　），选择负载裕度大的线路作为最优的转供方案。

A．负载能力　　　　　　　　　　　　B．线路长度

C．绝缘强度　　　　　　　　　　　　D．负荷的重要性

答案：A

10．集中型馈线自动化应用模式从收集完成相应的故障信号后，故障推出方案时间为分钟级；全自动模式下故障处理时间应小于（　　）min。

A．0.5　　　　　　　B．1　　　　　　　C．2　　　　　　　D．3

答案：D

11．电压时间型馈线自动化应用模式可通过变电站出线开关重合闸次数设置或主站遥控等方式实现（　　）次重合闸。

A．1　　　　　　　B．2　　　　　　　C．3　　　　　　　D．4

答案：B

12．重合器式馈线自动化应用模式适用于（　　）类区域的架空、电缆线路。

A．A　　　　　　　　　　　　　　　B．A、B

C．B、C、D　　　　　　　　　　　　D．C、D

答案：C

13．重合器式馈线自动化应用模式布点原则变电站出线开关到联络点的干线分段及联络开关，均可采用电压—时间型成套开关作为分段器，一条干线的分段开关宜不超过（　　）个。

A．3　　　　　　　B．4　　　　　　　C．5　　　　　　　D．6

答案：A

14．（　　）供电区域可根据实际需求采用就地型重合器式。

A．A 类   B．B 类和 C 类

C．C 类   D．C 类和 D 类

答案：D

15．（   ）供电区域宜采用集中型（全自动方式）或智能分布式。

A．A＋类   B．A 类和 B 类

C．C 类和 D 类   D．E 类

答案：A

16．电磁开关合闸的瞬时功率较大，合闸维持功率较小，通常所配取电 TV 额定输出（   ）VA，短时最大输出 3000VA。

A．300   B．400   C．500   D．600

答案：C

17．重合器式馈线自动化应用模式变电站出线开关应选用带有重合功能的断路器，配置过流保护和二次重合闸，若变电站出线开关无法配置二次重合闸，将线路靠近变电站首台开关的（   ）延长以躲过变电站出线开关的合闸充电时间。

A．来电延时合闸时间   B．合闸后确认时间

C．得电时间   D．重合时间

答案：A

18．重合器式馈线自动化应用模式当出线断路器跳闸时，就地型分段开关通常检测到无压无流后分闸，可靠分闸时间一般不超过（   ）s。

A．0.5   B．1   C．1.5   D．2

答案：B

19．智能分布式馈线自动化处理过程中可只需要（   ）参与。

A．配电主站   B．配电终端

C．调度员   D．调控员

答案：B

20．在不考虑通信延迟下，（   ）馈线自动化模式隔离故障和快速复电的速度最快。

A．集中全自动控制型   B．集中半自动控制型

C．重合器分段器配合型   D．智能分布式

答案：D

21．当不具备装设或改造具有隔离功能的线路分段开关条件时，宜选用具备（   ）检测功能的故障指示器实现故障区段定位功能。

A．单相接地   B．相间短路

C．接地   D．以上都不对

答案：A

22．电流速断保护的整定原则是按躲过被保护元件外部短路时流过本保护的（   ）整定。

A．最大启动电流   B．最大短路电流

C．最大负荷电流   D．最大励磁涌流

答案：B

23．电流集中型馈线自动化进行故障定位的判据为（   ）。

A．组成故障区域的各开关中有且只有一个流过故障电流

B．组成故障区域的各开关均流过故障电流

C．组成故障区域的各开关中至少有一个流过故障电流

D．组成故障区域的各开关中最多有一个流过故障电流

答案：A

24．馈线自动化是利用自动化装置或系统，监视配电网的运行状况，及时发现配电网故障，进行故障定位、（   ）和恢复对非故障区域的供电。

A．告警   B．控制   C．隔离   D．自愈

答案：C

25．就地型重合器式馈线自动化包括三种应用模式，其中，（   ）馈线自动化当线路结构、运行方式发生变化时，需调整定值。

A．集中型   B．电压—时间型

C．自适应综合型   D．智能分布式

答案：B

26．对于集中型馈线自动化在配电线路中，可不需要配"三遥"终端的是（   ）。

A．主干线联络开关   B．分段开关

C．进出线较多的节点   D．分支开关

答案：D

27．配电主干线路开关全部为断路器时，若变电站/开关站出口断路器保护满足延时配合条件，如出口保护延时（   ）及以上或变电站出口断路器配置光差保护，可配置速动型分布式FA。

A．0.1s   B．0.5s   C．0.3s   D．0.4s

答案：C

28．不是智能分布式馈线自动化的特点的是（   ）

A．快速故障处理，毫秒级定位及隔离，秒级供电恢复

B．停电区域小

C．定值整定简单

D．需要变电站出线断路器配置3次重合

答案：D

29．主站提示馈线故障区段、拟操作的开关名称，由人工确认后，发令手动遥控将故障点两侧的开关分闸，并闭锁合闸回路属于（   ）。

A．半自动隔离   B．全自动隔离

C．手动隔离 D．人工隔离

答案：A

30．在馈线自动化中上传的遥信包括（　　）。

A．电流 B．电压

C．功率 D．过流告警

答案：D

31．电压时间型开关内置三相组合式 TA，具备提供 I_a、I_b（可选）、I_c、$3I_0$ 信号；若需使用小电流接地故障处理功能，需配套（　　）。

A．零序 TA B．零序 TV C．测量 TA D．保护 TV

答案：B

32．为实现智能分布式馈线自动化，配电终端之间建立（　　）通信联络。

A．纵向 B．横向 C．全方位 D．多联络

答案：B

33．配电主站根据开关位置状态实时分析配电网的供电关系，根据上送配电网故障测量信号的终端形成故障路径信息，依据故障点在故障路径（　　）的原则实现故障定位。

A．前端 B．中端 C．末端 D．方向

答案：C

34．电压—电流—时间型馈线自动化是在电压—时间型基础上，增加了（　　）躲避瞬时性故障和故障电流辅助判据。

A．快速重合闸 B．故障信息记忆

C．相间故障保护 D．接地故障保护

答案：A

35．速动型分布式 FA 需全线间隔均配置（　　），且变电站/开关站出口断路器保护动作时限至少需 0.3s 及以上的延时。

A．负荷开关 B．断路器

C．隔离开关 D．跌落式熔断器

答案：B

36．为确保一次及二次系统安全、稳定运行，在制定分布式馈线自动化相关逻辑策略时，要充分考虑（　　）时的处理方案。

A．在正常状态 B．在非正常状态

C．分段状态 D．环网状态

答案：B

37．缓动型分布式 FA，须等待变电站/开关站出口断路器（　　）隔离故障。

A．重合闸前 B．重合闸后

C．保护动作前 D．保护动作后

答案：D

38. 就地型馈线自动化包括分布式馈线自动化、不依赖通信的重合器方式、（　　）等。

A．距离保护　　　　　　　　　　　　B．零序保护

C．过流保护　　　　　　　　　　　　D．光纤纵差保护

答案：D

39. 分布式配电终端应具备至少（　　）个独立物理地址的网口。

A．1　　　　　　B．2　　　　　　C．3　　　　　　D．4

答案：B

40. 需要三次重合闸才能恢复非故障区域送电的是（　　）。

A．电压时间型　　　　　　　　　　　B．电压电流型

C．自适应综合型　　　　　　　　　　D．集中型

答案：B

41. 分布式馈线自动化适用于对供电可靠性要求特别高的核心地区或者供电线路，如A+、A类供电区域电缆环网线路（架空线路不建议采用分布式馈线自动化），同时要求具备（　　）通信条件。

A．无线　　　　　　B．载波　　　　　　C．光纤　　　　　　D．有线

答案：C

42. 适用于所有馈线自动化模式的配套开关机构类型为（　　）机构。

A．弹操　　　　　　B．电磁　　　　　　C．永磁　　　　　　D．手动

答案：A

43. 可以对故障处理过程进行人工干预的是（　　）馈线自动化。

A．集中型　　　　　　　　　　　　　B．电压时间型

C．自适应综合型　　　　　　　　　　D．智能分布式

答案：A

44. 由边界开关包围故障点所形成的区域就是故障区域，其中处于（　　）位置的边界开关就是故障隔离需操作的开关。

A．分闸　　　　　　B．合闸　　　　　　C．上游　　　　　　D．下游

答案：B

45. 当出现终端通信故障、故障隔离开关操作失败等异常情况时，系统可通过（　　）故障区域范围的方式进行相应的故障处理方案调整。

A．缩小　　　　　　B．扩大　　　　　　C．调整　　　　　　D．转移

答案：B

46. 分界开关一般配置（　　）保护，直接隔离用户侧接地故障。

A．速断　　　　　　B．过流　　　　　　C．距离　　　　　　D．零序

答案：D

47. 经现场核实，电压型馈线自动化首台开关分闸时间为 1300ms，则站内一次重合闸时间宜设置为（　　）。

A．0.2s	B．1s	C．2s	D．21s

答案：C

48．导致环网柜遥测电流不准确的原因有可能是（　　）。

A．电流互感器变比与主站设置不对应　　　B．远方就地开关在就地位置

C．TV烧坏　　　D．环网柜机构卡塞

答案：A

49．电压—时间型负荷开关的 Y 时限是指（　　）。

A．故障恢复时间　　　B．重合器重合闸时间

C．合闸后判断失压闭锁的时限　　　D．来电合闸时间

答案：C

50．可造成支线路用户分界型负荷开关跳闸的是（　　）。

A．主线路瞬时故障

B．此分界开关以下发生永久性接地故障

C．此分界开关以下发生极短时间接地故障

D．此分界开关以下发生相间短路故障

答案：B

51．电压—电流时间型 FA 需要变电站出线断路器配置三次重合闸。如果只能配置两次，那么瞬时故障按照（　　）处理。

A．接地故障　　　B．短路故障

C．单一故障　　　D．永久故障

答案：D

52．电压—电流时间型馈线自动化在接地故障处理时按照（　　）方向整定各分段器的定值。

A．电压　　　B．电流

C．功率　　　D．零序电流

答案：C

53．对故障下游不做恢复处理的原因为（　　）。

A．未收集到足够的保护信号　　　B．下游无转供电源

C．断路器合闸　　　D．无联络开关存在

答案：B

54．对于已投运的一次网架进行扩展或拓扑调整，要对其进行（　　）。

A．现场逻辑验证　　　B．系统逻辑验证

C．现场操作验证　　　D．系统操作验证

答案：A

55．分布式 FA 不能处理的故障类型有（　　）。

A．变电站母线故障　　　B．主干线路短路

C．环网柜馈线短路 D．环网柜母线短路

答案：A

56．分布式馈线自动化线路故障时网络负载率不超过（ ）。

A．10% B．20% C．30% D．40%

答案：C

57．含分布式电源复杂配电网故障处理主要的难点在于（ ）。

A．没有合适的启动条件号 B．短路电流的流向发生变化

C．故障信号不连续 D．配电终端无法采集到故障信号

答案：B

58．就地型馈线自动化分为重合器式和（ ）。

A．智能分布式 B．集中式

C．电压时间式 D．自适应式

答案：A

59．就地型馈线自动化重合器式不包括（ ）。

A．电压—时间型 B．电压—电流—时间型

C．自适应综合型 D．电流—时间型

答案：D

60．馈线自动化"一线一案"工作方案要求根据配电网现状分析结果，以（ ）为单位，逐条制定馈线自动化改造与功能提升方案。

A．变电站 B．母线

C．配电线路 D．分支线路

答案：C

61．配电网的故障分为（ ）和小电流接地故障。

A．断线故障 B．过压故障

C．短路故障 D．失压故障

答案：C

62．速动型 FA 系统在小电流接地系统发生单相接地故障时，终端之间交互各自检测到的接地故障特征量，并进行比对，若（ ）检测的相关特征信号相反，判断接地故障发生相邻终端所在线路区段内。

A．最远终端 B．相邻终端

C．出线开关 D．联络开关两侧

答案：B

63．为保证配电网终端能在变电站保护动作切除故障时可靠启动检测故障，则过流检测定值至少要比出口断路器III段保护动作定值低（ ）倍。

A．1.1 B．1.2 C．1.3 D．1.4

答案：A

64. 为了实现故障的快速定位和隔离，分布式控制型馈线自动化终端之间信息交互，采用的是（　　）规约。

A. 101　　　　　　　B. MODBUS　　　　　C. GOOSE　　　　D. 104

答案：C

65. 为缩小故障或者检修停电范围、提高供电可靠性，配电线路的主干线路上一般装有（　　）开关。

A. 分段　　　　　　　B. 分界　　　　　　　C. 联络　　　　　D. 以上都不是

答案：A

66. 不是馈线自动化主要功能的是（　　）。

A. 故障定位　　　　　　　　　　　　B. 故障告警

C. 故障隔离　　　　　　　　　　　　D. 恢复供电

答案：B

67. 在电压—时间型中，若开关正向加压持续时间没有超过 X 时限时线路失压超过 Z 时间，则启动（　　）。

A. 正向闭锁　　　　　　　　　　　　B. 反向闭锁

C. 双向闭锁　　　　　　　　　　　　D. 分闸闭锁

答案：B

68. 在电压—时间型中，若开关正向加压持续时间没有超过 X 时限且线路失压未超过 Z 时间，而又立即来电，则（　　）。

A. 重新 X 计时　　　　　　　　　　　B. 继续 X 计时

C. 合闸闭锁　　　　　　　　　　　　D. 分闸闭锁

答案：B

69. 在就地馈线自动化策略中，除变电出线首台开关外，其余参与策略的开关需（　　）。

A. 两侧安装 TV　　　　　　　　　　　B. 电源侧安装单相 TV

C. 负荷侧安装单相 TV　　　　　　　　D. 无需安装 TV

答案：A

70. 在就地馈线自动化策略中，发生单相接地的非首端开关，将（　　）。

A. 直接跳闸　　　　　　　　　　　　B. 经过延时后跳闸

C. 等待首端开关跳闸后跳闸　　　　　D. 以上都不对

答案：C

71. 在自适应综合型中，没有故障记忆的开关首次得电后（　　）。

A. 经过 X 时间合闸　　　　　　　　　B. 经过长延时后合闸

C. 需要就地操作才能合闸　　　　　　D. 需要远方遥控才能合闸

答案：B

72. 在自适应综合型中，若开关在正常状态下感受到过流后跳闸，则下一次开关得电后（　　）。

A．经过 X 时间合闸   B．经过长延时后合闸

C．正向闭锁   D．反向闭锁

答案：A

73．智能分布式 FA 参数主要分为（   ）与负荷转供参数。

A．通信参数   B．动作参数

C．可见参数   D．其他参数

答案：B

74．智能分布式馈线自动化基于高速通信网络和（   ）的速动型智能分布式为主，随着无线通信技术的进步，拓展缓动型智能分布式应用。

A．终端故障研判策略   B．可靠配电网架

C．级差配合   D．装置参数配合

答案：C

75．智能分布式馈线自动化能够就地自主完成非故障区域（   ）供电恢复。

A．微秒级   B．毫秒级   C．秒级   D．数秒内

答案：D

76．智能分布式馈线自动化依赖系统拓扑，当一次系统发生变化后，对拓扑相关参数（   ）。

A．全局调整   B．局部调整

C．无需调整   D．全局调整与局部调整皆可

答案：B

77．自适应综合型馈线自动化不依赖通信方式即可完成故障隔离，具有更高的（   ）。

A．准确性   B．快速性   C．可靠性   D．灵敏性

答案：C

78．自适应综合型馈线自动化具备光纤后，通过切换终端模式，实现（   ）馈线自动化的应用

A．集中型   B．远方型   C．就地型   D．智能型

答案：A

79．小电流接地故障中，接地电阻超过（   ）的高阻接地比例较大。

A．1kΩ   B．2kΩ   C．3kΩ   D．4kΩ

答案：A

80．电压—电流时间型馈线自动化主要利用在变电站出线开关的多次重合闸过程中记忆失压次数和（   ），实现故障区间隔离和非故障区段恢复供电。

A．过压次数   B．过流次数

C．过流、过压次数   D．脉冲次数

答案：B

81．电压—时间型馈线自动化适用于配电网架空、架空电缆混合网线路的单辐射、

（　　　）等网架。

A．单环网　　　　　　　　　　　　　　B．单射式

C．双环网　　　　　　　　　　　　　　D．多分段多联络

答案：A

82．馈线自动化实施过程中，对于电缆环网等一次网架结构成熟稳定，且配电终端之间具备对等通信条件的区域，可采用（　　　）。

A．就地型智能分布式　　　　　　　　　B．就地型重合器式

C．集中型全自动式　　　　　　　　　　D．集中型半自动式

答案：A

83．当长线路配置中间断路器时，中间断路器配置（　　　）次重合闸，线路上分段开关定值整定与普通线路一致。

A．一　　　　　　　B．二　　　　　　　C．三　　　　　　　D．四

答案：B

84．分布式馈线自动化适用于对供电可靠性（　　　）地区或者供电线路。

A．要求低　　　　　　　　　　　　　　B．要求一般

C．要求特别高　　　　　　　　　　　　D．无要求

答案：C

85．集中型馈线自动化的维护工作多在（　　　）进行。

A．终端侧　　　　　　　　　　　　　　B．主站端

C．子站端　　　　　　　　　　　　　　D．施工现场

答案：B

86．集中型馈线自动化故障处理过程中，如果自动化主站系统中故障线路内（　　　）不规范，会对正确动作产生最大影响。

A．拓扑关系　　　　　　　　　　　　　B．图形位置

C．开关名称　　　　　　　　　　　　　D．线路长度

答案：A

87．集中型馈线自动化适用（　　　）网架结构和线路类型。

A．简单　　　　　　B．复杂　　　　　　C．特别　　　　　　D．各种

答案：D

88．配电线路采用重合器式馈线自动化模式时，该线路上的所有（　　　）均应按照同一馈线自动化模式进行配置。

A．FTU　　　　　　　　　　　　　　　B．DTU

C．故障指示器　　　　　　　　　　　　D．配电终端

答案：D

89．三级级差配合的情况下，在中间开关与末级开关间发生故障时，若变电站出线断路器跳闸而（　　　）开关不跳闸，变电站出线断路器一次重合失败，则由集中式馈线自动

化介入处理故障。

    A．边界　　　　　　　　B．末级　　　　　　　　C．中间　　　　　　　D．支路

答案：C

90．不是馈线自动化意义的是（　　　）。

    A．提高供电可靠性　　　　　　　　　　　B．减少停电时间

    C．减少设备利用率　　　　　　　　　　　D．提高企业经济效益

答案：C

91．10kV 变电站线路过电流保护定值按照 TA 变比一次值（　　　）倍整定。

    A．1.5　　　　　　　　　B．2　　　　　　　　　C．10　　　　　　　　D．20

答案：B

92．未安装远传型故障指示器的架空线路与电缆线路连接处应安装（　　　）故障指示器。

    A．电缆就地型　　　　　　　　　　　　　B．架空就地型

    C．电缆就地型或架空就地型　　　　　　　D．以上均不对

答案：B

93．电压—时间型负荷开关及 FTU 的逻辑功能有（　　　）。

    A．有压合闸　　　　　　　　　　　　　　B．闭锁合闸

    C．闭锁分闸　　　　　　　　　　　　　　D．以上都是

答案：D

94．电压—时间型馈线自动化是通过开关（　　　）的工作特性配合变电站出线开关二次合闸来实现，一次合闸隔离故障区间，二次合闸恢复非故障段供电。

    A．就地隔离　　　　　　　　　　　　　　B．无压分闸、来电延时合闸

    C．保护跳闸　　　　　　　　　　　　　　D．主站集控

答案：B

95．集中型馈线自动化适用各种网架结构和线路类型，对变电站出线开关、线路开关、保护定值等无特殊要求，但需要满足配电自动化系统相关（　　　）要求。

    A．运行操作　　　　　　　　　　　　　　B．安全防护

    C．规划建设　　　　　　　　　　　　　　D．运维管理

答案：B

96．集中型馈线自动化，对故障点下游非故障区段的恢复供电操作，若只有一个单一的恢复方案，则由人工手动或主站自动向（　　　）发出合闸命令，恢复故障点下游非故障区段的供电。

    A．分段开关　　　　　　　　　　　　　　B．分支开关

    C．联络开关　　　　　　　　　　　　　　D．分界开关

答案：C

97．电压—时间型配套开关可选用具备来电延时合闸、失压分闸的（　　　）操作机构

类型开关。

A．弹簧　　　　　B．电磁　　　　　C．电动　　　　　D．永磁

答案：B

98．馈线自动化最重要的一项功能是（　　）。

A．数据的采集与监控　　　　　　B．故障快速处理

C．无功补偿调压　　　　　　　　D．网络优化

答案：B

99．重合器式馈线自动化适合采用的通信方式是（　　）。

A．EPON　　　　　　　　　　　B．工业光纤以太网

C．无线　　　　　　　　　　　　D．局域网

答案：C

100．可以直接提高供电可靠性的配电自动化系统功能是（　　）。

A．智能告警　　　　　　　　　　B．数据采集与处理

C．拓扑防误　　　　　　　　　　D．馈线自动化

答案：D

101．为保证馈线自动化故障处理的安全性和可靠性，未经过故障仿真测试通过的线路，建议将馈线自动化运行状态设置为（　　）。

A．在线状态　　　　　　　　　　B．离线状态

C．仿真状态　　　　　　　　　　D．自动状态

答案：B

102．FA 启动条件中，在规定时间需同时收到开关分闸和开关相关联的保护动作两个信号才能满足启动条件。这种启动条件为（　　）。

A．分合分　　　　　　　　　　　B．分闸加保护

C．分闸加过流　　　　　　　　　D．非正常分闸

答案：B

103．馈线自动化故障隔离中，不会扩大隔离范围的情况是（　　）。

A．开关上个挂有禁止操作属性的标识牌

B．保护通道工况退出

C．第一次遥控失败，第二次遥控成功

D．开关为"二遥"开关

答案：C

104．在电压—时间型和自适应综合型中，开关正向得电并延时合闸，在 Y 时间计时完成后失压分闸，则（　　）。

A．正向闭锁　　　B．反向闭锁　　　C．双向闭锁　　　D．无闭锁

答案：D

105．重合器式馈线自动化靠近变电站的线路首台开关（　　）仅在电源侧安装，不在

负荷侧安装，防止向变电站倒供电。

A．TA　　　　　　　　B．TV　　　　　　　　C．QS　　　　　　　D．避雷器

答案：B

106．分布式馈线自动化遥信信号上送配电主站时间不超过（　　）s。

A．1　　　　　　　　B．2　　　　　　　　C．3　　　　　　　D．4

答案：C

107．可能导致电流速断动作的故障类型是（　　）。

A．单相接地短路　　　　　　　　　　　B．两相短路

C．两相接地短路　　　　　　　　　　　D．三相短路

答案：BD

108．关于脉冲计数型负荷开关说法正确的是（　　）。

A．和重合器配合隔离馈线故障

B．达到设定的过流次数并在无电时分闸

C．达到设定的过流次数时分闸

D．发生过流时分闸

答案：AB

109．发生（　　）时，会出现零序电流。

A．非全相运行　　　　　　　　　　　B．振荡时

C．单相接地故障　　　　　　　　　　D．相间故障

答案：AC

110．关于系统振荡和短路，下列说法正确的是（　　）。

A．振荡时电流和电压的变化速度较慢

B．振荡时电流和电压的变化速度较快

C．短路时电流和电压的变化速度较慢

D．短路时电流和电压的变化速度较快

答案：AD

111．馈线自动化开关的常规保护功能有（　　）。

A．速断保护　　　　　　　　　　　B．过流保护

C．零序保护　　　　　　　　　　　D．重合闸

答案：ABCD

112．正常运行情况下，电压—时间型、自适应综合型及电压—电流—时间型配电终端按照"二遥"功能通过通信通道上送（　　）等信息给主站系统，实现线路状态监测。

A．遥信　　　　　　　　B．遥测　　　　　　　　C．遥控　　　　　　　D．开关状态

答案：ABD

113．集中型馈线自动化是由配电主站实时监控（　　），实现对配电网故障的诊断定位、故障隔离以及非故障区域的恢复供电等处理功能。

A．配电网保护动作信号　　　　　　　　B．开关变位信号

C．量测信号　　　　　　　　　　　　　D．配电网故障测量信号

答案：ABCD

114．集中型馈线自动化要求主站与配电终端之间有（　　）的通信网络。

A．高可靠性　　　　　　　　　　　　　B．高实时性

C．易维护　　　　　　　　　　　　　　D．建设简单

答案：AB

115．集中型馈线自动化配电线路开关配套安装"三遥"配电自动化终端，具备测量、控制、保护出口、（　　）及远程维护等功能。

A．接地故障检测　　　　　　　　　　　B．过流检测

C．历史数据存储与调阅　　　　　　　　D．故障录波

答案：ABCD

116．集中型馈线自动化配电线路开关类型可采用断路器或负荷开关，具备的配电自动化接口包括（　　）。

A．三相电流　　　　　　　　　　　　　B．零序电流

C．三相电压或线电压　　　　　　　　　D．电动操作机构

答案：ABCD

117．（　　）设备的故障会导致 FA 动作失败。

A．ONU　　　　　　　　　　　　　　　B．分光器

C．OLT　　　　　　　　　　　　　　　D．无线通信模块

答案：ABCD

118．配合 FA 启动的信号是（　　）。

A．过流信号　　　　　　　　　　　　　B．速断信号

C．变电站事故总信号　　　　　　　　　D．接地信号

答案：ABCD

119．一次设备存（　　）会导致 FA 动作失败。

A．机构拒动　　　　　　　　　　　　　B．凝露

C．触点损坏　　　　　　　　　　　　　D．未安装 TA

答案：ABCD

120．"二遥"动作型终端装置（用户分界隔离开关）应根据（　　），配置能够快速可靠切除用户侧各类故障的配单终端或就地控制保护装置。

A．用户容量　　　　　　　　　　　　　B．用户性质

C．电网安全运行要求　　　　　　　　　D．电网复杂程度

答案：BC

121．（　　）故障指示器主要用于线路关键节点，而（　　）故障指示器用于缩小故障区间指示。

A．远动型 B．分界型 C．远传型 D．就地型

答案：CD

122．一般情况下，纯电缆线路馈线自动化推荐模式为（ ）。

A．集中型 B．电压—电流—时间型

C．自适应综合型 D．智能分布式

答案：AD

123．一般情况下，（ ）馈线自动化能够实现瞬时性故障的定位。

A．集中型 B．电压时间型

C．电压电流时间型 D．自适应综合型

答案：ACD

124．当变电站出线断路器速断保护不能保护线路全长时，可配置多级级差保护。可采用（ ）—（ ）—（ ）三级保护的形式。

A．变电站出线断路器 B．分段断路器

C．中间断路器 D．分界开关

答案：ACD

125．电压型馈线自动化，对于具备联络转供能力的线路，可通过合联络开关方式恢复故障点下游非故障区段的供电；联络开关的合闸方式可采用（ ）、（ ）或者（ ）。

A．手动方式 B．遥控操作方式

C．自动延时合闸方式 D．备自投方式

答案：ABC

126．就地馈线自动化中，终端的闭锁信息应（ ）。

A．自动延时复归 B．手动或远方复归

C．满足相应的逻辑后复归 D．掉电后保存

答案：BCD

127．相比电压—时间型，自适应综合型具有（ ）的优势。

A．能适应较复杂线路 B．整组动作时间段

C．非故障开关重合次数少 D．单相接地故障处理能力

答案：ACD

128．集中控制型馈线自动化系统主要由（ ）组成。

A．控制主站 B．通信系统

C．配电终端 D．断路器

答案：ABC

129．馈线自动化中对恢复供电的基本要求有（ ）。

A．安全性 B．恢复容量最大

C．重要用户优先 D．负荷均衡

答案：ABCD

130. 联络开关识别，可以使用的方式有（　　）。

A．开关分位，两侧有压

B．开关分位，两侧至电源点开关均合位

C．开关分位，两侧无压

D．开关合位，两侧有流

答案：AB

131. 馈线自动化中的供电恢复一般由（　　）完成。

A．分界开关　　　　　　　　　B．联络开关

C．出口断路器　　　　　　　　D．支线开关

答案：BC

132. 小电流接地故障保护技术开发遇到的困难包括（　　）。

A．接地电流小　　　　　　　　B．间歇性故障多

C．高阻故障多　　　　　　　　D．零序电流与电压的测量问题

答案：ABCD

133. 仿真式 FA 主要的目的是（　　）。

A．校验线路是否满足 FA 需求

B．人员培训

C．检查主站与终端之间遥控功能是否正常

D．FA 功能测试

答案：ABD

134. 动作参数主要包括（　　）两组参数。

A．动作可靠性　　　　　　　　B．动作限值

C．动作正确性　　　　　　　　D．动作时限

答案：BD

135. 分布式 FA 可用于的环网是（　　）。

A．手拉手单环合环　　　　　　B．N 供一备单环开环

C．花瓣形环网　　　　　　　　D．三电源单环开环

答案：ABCD

136. 自适应综合型馈线自动化线路所有分段开关采用相同设备，具备（　　）功能。

A．选线　　　　　B．选段　　　　　C．联络点　　　　D．故障分析

答案：ABC

137. 目前，常见的配电网继电保护自动装置按照应用分类主要有（　　）。

A．线路保护装置　　　　　　　B．纤差动电流保护装置

C．站用变保护装置　　　　　　D．备用电源自动投入装置

答案：ABCD

138. 馈线自动化模式下，线路分段开关可不配置（　　），通过主站集中式或（　　）、

（　　）等馈线自动化，实现故障隔离/恢复的功能。

A．级差保护　　　　　　　　　　　B．纵联保护

C．智能分布式　　　　　　　　　　D．就地重合式

答案：ACD

139．二次设备的保护定值设置不合理，也会影响 FA 的正确处理，定值设置的过大会（　　），导致上一级开关跳闸，扩大停电区间，定值设置得过小会（　　），本来运行正常的区间发生故障跳闸停电。

A．导致应该跳闸的设备未跳闸

B．导致 FA 误启动

C．导致 FA 不启动

D．导致应该跳闸的设备跳闸

答案：AB

140．故障定位、隔离和自动恢复对提高供电的可靠性和缩短非故障区的停电时间有重要意义，FA 动作具有较强的（　　）。

A．时序性　　　　　B．逻辑性　　　　　C．可靠性　　　　　D．选择性

答案：AB

141．对 FA 正确启动有至关重要的作用的是（　　）。

A．站内保护　　　　　　　　　　　B．跳闸信号

C．事故发生时间　　　　　　　　　D．过流信号

答案：AB

142．从 FA 的动作过程中可以看出，故障区间判断、隔离与恢复非故障区间供电都要涉及到对一次设备的控制操作，这也就对一次设备的可靠性提出了一定的要求，如果出现一次设备（　　）的情况，会大大降低 FA 准确性。

A．控分不成功　　　　　　　　　　B．控合不成功

C．该跳不跳　　　　　　　　　　　D．短路故障

答案：ABC

二、判断题

1．负荷开关—熔断器对配电变压器中低压回路的短路电流及过载电流进行保护，可在 10ms 内切除故障。　　　　　　　　　　　　　　　　　　　　　　　　（对）

2．当终端采集到的电流值超过设定的电流、检故障时间阈值时，相应保护就会启动，并配合相应的告警投退字和跳闸投退字。　　　　　　　　　　　　　　　　（对）

3．过流Ⅱ段跳闸等待时间，用于配置出现过负荷故障时的跳闸延时，配合过负荷跳闸投退字。　　　　　　　　　　　　　　　　　　　　　　　　　　　　（错）

4．对于主站与终端之间具备可靠通信条件，且开关具备遥控功能的区域，可采用集中

型全自动式或半自动式。 （对）

5．主站过流信号的正确发生和上送是实现故障快速定位的核心条件。 （错）

6．电压型柱上开关采用电磁操动机构，开关分闸时需外部电源。 （错）

7．智能分布式馈线自动化自投前过载预判，避免盲投；区段隔离成败识别，避免误投。 （对）

8．自适应综合型馈线自动化对于线路大分支原则上仅安装一级开关，与主干线开关相同配置。 （对）

9．自适应综合型馈线自动化对于用户分支开关可配置用户分界开关，实现用户分支故障的手动隔离。 （错）

10．集中型馈线自动化从收集完成相应的故障信号后，故障推出方案时间为秒级。（错）

11．配电线路自动化采用集中型馈线自动化模式时，为实现故障点的准确定位，线路上所有开关配电终端都必须配置"三遥"功能。 （错）

12．就地 FA 中，联络开关应能感受到单侧失电并自动合闸完成非故障区域的恢复。 （错）

13．当变电站允许带时限切除短路，变电站出线断路器可采用延时电流速断保护，此时若电缆线路实施分布式馈线自动化宜采用缓动型。 （错）

14．当分布式 FA 运行参数调整时，无需重新核准主站集中式馈线自动化等待时间。 （错）

15．电压—电流—时间型中，开关得电延时合闸的时间应通过有无故障记忆来区分。 （错）

16．电压—时间型、电压—电流型、自适应综合型均为重合器式馈线自动化，三者均具有"无压分闸、来电延时合闸"的工作特性。 （错）

17．电压互感器正常工作时的磁通密度接近饱和值，系统故障时电压上升。 （错）

18．电压—时间型馈线自动化属于分布式馈线自动化的一种模式。 （错）

19．对称的三相电路中，流过不同相序的电流时，所遇到的阻抗是相同的。 （错）

20．对于 10kV 架空网，在周边电源点数量有限，且线路负载率低于 50%的情况下，不具备多联络条件时，可采用三分段单辐射接线方式。 （错）

21．对于故障上游区域，则通过搜索转供路径联络开关实现恢复供电。 （错）

22．对于所有配电线路，集中型馈线自动化均不要考虑故障信号中的方向信息。（错）

23．就地 FA 与分布式 FA 都需要与变电站出线多次重合闸配合来完成动作。 （错）

24．分布式馈线自动化是基于主站决策并最终快速隔离故障区域，恢复非故障区域的供电的过程。 （错）

25．分布式馈线自动化宜在偏远地区实施。 （错）

26．对于规划 A＋、A、B、C 类供电区域，架空线路宜采用集中型馈线自动化，电缆线路宜采用就地型馈线自动化。 （错）

27．就地 FA 中，开关若存在正向闭锁，反向来电将不合闸。 （错）

28．集中型馈线自动化配套开关只能应用普通的弹操机构开关，开关需具备电动操作机构，无法使用电磁或永磁机构开关。　　　　　　　　　　　　　　　（错）

29．就地馈线自动化与集中式保护可以同时对线路进行保护。　　　　（错）

30．在电压—时间型及自适应综合型馈线自动化中，变电站出口至少配置 2 次重合闸。　　　　　　　　　　　　　　　　　　　　　　　　　　　　　　（错）

31．当线路发生短路故障时，若为瞬时故障，变电站出线开关 CB 跳闸后一次重合闸成功，线路恢复供电。　　　　　　　　　　　　　　　　　　　　（对）

32．分支发生瞬时故障时处理过程类似干线瞬时故障，由变电站出线开关二次重合闸，分支断路器重合恢复供电。　　　　　　　　　　　　　　　　　（错）

33．主干线分段开关在单侧来电时延时合闸，在两侧失压状态下分闸。　（对）

34．分支发生永久故障时，变电站出线开关一次重合闸，分支断路器重合速断跳闸隔离故障。　　　　　　　　　　　　　　　　　　　　　　　　　　（对）

35．新型配电终端具备单相接地故障选线功能和选段功能，通常线路首台开关配置为选段模式，其余开关配置为选线模式。　　　　　　　　　　　　　　（错）

36．配电网线路一般可采用三级保护方案。　　　　　　　　　　　　（对）

37．在馈线自动化模式下，线路分段开关必须配置级差保护，通过主站集中式或智能分布式、就地重合式等馈线自动化，实现故障隔离/恢复的功能。　　　（错）

38．故障电流模式中，如果需要修订的参数较多，涉及多个"参数类型"组，建议采用配电终端动作参数采取"单个参数设置"方式。　　　　　　　　　　（错）

39．配电架空线路瞬时性故障较多，因此多配置重合闸装置，快速恢复瞬时性故障，提高供电可靠性。　　　　　　　　　　　　　　　　　　　　　　（对）

40．事故发生后，发现有装设备自投装置未动作的开关，可以立即给予送电。（错）

41．长期对重要线路充电时，应投入线路重合闸。　　　　　　　　　（错）

42．速动型馈线自动化是重合式的一种。　　　　　　　　　　　　　（错）

43．重合器式就地馈线自动化适用于 A＋、A 类区域。　　　　　　　（错）

44．X 时限指从分段开关电源侧加压开始，到该分段器合闸的延时时间。（对）

45．电压—电流—时间型中，开关若失压应延时分闸。　　　　　　　（错）

46．在速动型分布式馈线自动化策略中，终端间的相互通信宜采用无线 4G 专网的方式。　　　　　　　　　　　　　　　　　　　　　　　　　　　　　　（错）

47．就地 FA 中，开关安装完后应手合来完成最终安装。　　　　　　（错）

48．当配电自动化终端配合负荷开关使用时，可直接切除故障，具备现场投退功能。　　　　　　　　　　　　　　　　　　　　　　　　　　　　　　（错）

49．过电流保护在系统运行方式变小时，保护范围将变大。　　　　　（错）

50．电压—电流—时间型 FA 可以与站内已配置接地选线装置配合使用。（对）

51．电压—电流—时间型 FA 如果变电站出线断路器只能配置 2 次重合闸，那么将不能处理永久故障。　　　　　　　　　　　　　　　　　　　　　　　（错）

52．电压—电流—时间型馈线自动化在具有多分支时，终端定值调整较为复杂。（对）

53．自适应综合型 FA 在处理主干线接地故障时，应先合分段开关没有故障记忆的支路。 （错）

54．自适应综合型 FA 依赖通信方式完成故障隔离。 （错）

55．电压—电流—时间型会使得非故障路径的用户也会感受多次停复电。 （对）

56．在就地保护完成故障切除，故障区域上游供电恢复的情况下，可由分步式馈线自动化完成故障区域完全隔离，并通过负荷转供恢复故障区域下游健全区域供电。 （错）

57．集中型馈线自动化与就地保护配合使用时，就地保护先于馈线自动化进行故障处理，就地保护功能可以完成故障点上游及下游的非故障区域恢复。 （错）

58．主站集中式 FA 的特点是 FA 策略存储在终端。 （错）

59．主站集中式 FA 开关的分合操作由终端自行判断完成。 （错）

60．对于 10kV 架空网，当线路负荷不断增长，线路负载率达到 50%以上时，采用三分段、三联络结构可提高线路负载水平。 （对）

61．联络开关合闸前确认时间 X_L 设置时，应大于最长故障隔离时间，防止故障没有隔离就转供造成停电范围扩大。 （对）

62．自适应综合型开关当电源供电方向改变时，需重新核准分支处开关的延时定值或者投入就地型馈线自动化功能。 （错）

63．自适应综合型开关当运行方式调整时，如联络点发生变化，需要重新设置开关的动作参数。 （错）

64．故障点零序综合阻抗 Z_{k0} 小于正序综合阻抗 Z_{k1} 时，单相接地故障电流大于三相短路电流。 （对）

65．自动重合闸对瞬时性的故障可迅速恢复正常运行，提高了供电可靠性，减少了停电损失。 （对）

66．FA 功能仅支持人工投退机制。 （错）

67．对侧线路发生单相接地故障，优先选用该条线路转供。 （错）

68．所生成的故障处理方案能够只需给出具体的操作断路器、隔离开关的操作顺序。 （错）

69．馈线自动化以一次网架和设备为基础，综合利用计算机、信息及通信等技术，并通过与相关应用系统的信息集成，实现对配电网的监测、控制和快速故障隔离。 （错）

70．全自动 FA 过程中，当故障电流信号不连续时即系统在分析到故障电流信号有缺失时，系统将闭锁自动执行转为人工交互方式处理。 （对）

71．馈线自动化故障处理，转供路径存在分布式电源参与恢复供电，最优先选择分布式电源的路径。 （错）

72．馈线自动化功能中，故障处理完毕后，需要人工将该线路投入在线，否则即使故障信息归档，该条线路的 FA 运行方式也不会处于在线状态。 （错）

73．保护用 10P20 电流互感器，是指互感器通过短路电流为 20 倍额定电流时，变比

误差不超过 10%。 （对）

74．保护用的电流互感器为保证其精度要求，可以将变比选得大一些。 （对）

75．分段/联络负荷开关成套设备的应用场景可以是主干线分段、联络位置，可就地自动隔离故障。 （对）

76．负荷转供根据目标设备分析其影响负荷，并将受影响负荷安全转至新电源点，提出包括转供路径、转供容量在内的负荷转供操作方案。 （对）

77．接收到"看门狗"跳闸信号、接地保护动作信号判定为用户侧故障"看门狗"单相接地故障。 （对）

78．馈线自动化是指变电站出线开关到用户用电设备之间的馈电线路自动化。 （对）

79．隔离成功后，主站发出遥控合闸指令，首先遥控合闸出线断路器实现电源侧非故障停电区域恢复供电。 （对）

80．集中型馈线自动化配电终端设备投运前，应完成配电线路开关的过流定值的计算校验工作，同时向终端与配电主站运行部门出具参数整定通知书。 （对）

81．集中型馈线自动化配电线路馈线自动化功能投入或退出时，不需通过在主站系统对该配电线路的馈线自动化方式进行同步更改。 （错）

82．当出线断路器可遥控时，可不配置 2 次重合闸，通过遥控方式实现出线断路器的两次重合功能。 （对）

83．分支线开关或用户分界开关在与变电站无级差配合的情况下，可选用断路器，实现界内短路故障的快速切除，并可配置重合闸消除瞬时故障。 （错）

84．考虑到实施电压—时间型馈线自动化的大部分配电线路备用容量及联络开关的负荷裕度不足以实现负荷转供，因此就地重合式馈线自动化主要完成故障的定位和隔离，故障点负荷侧转供由人工实现。 （对）

85．集中型馈线自动化模式下若线路开关采用负荷开关并配置就地保护，发生故障时，可优先通过开关及保护的动作特性进行故障处理。 （错）

86．就地型分段开关应具备一次故障处理时间内如 5min 合闸次数越限保护，避免极端情况下因故障隔离失败，导致出线断路器反复合闸。 （对）

87．电压—时间型馈线自动化设定来电延时时间原则优先恢复最长支线的供电，再处理其他线路。 （错）

88．集中型馈线自动化应用模式，发生故障时如果有终端离线，配电主站认为该离线终端为非自动化设备。 （对）

89．集中型馈线自动化应用模式，发生故障时如果非连续的故障信号会造成故障区间判断错误。 （错）

90．传统的电压—时间型馈线自动化具备接地故障处理能力。 （错）

91．FA 过程中，如果可转供容量小于非故障区域需转供负荷量，则 FA 会停止转供。 （错）

92．FA 动作逻辑中，负荷转带限制可略大于联络电源及线路的最大负载允许值。（错）

93．EMS 未开通配电自动化主站系统的遥控权限不会影响 FA 动作成功。　　　（错）

94．配电自动化系统中设备挂试验牌不会影响 FA 动作成功。　　　（错）

95．电压型开关在强合位置会影响 FA 动作成功。　　　（对）

96．配电网有独立保护装置、配电终端中涉及的保护功能不能兼顾保护的选择性、灵敏性、快速性和可靠性要求时，则应在保护整定时保证规定的可靠性数要求。　　　（错）

97．集中型馈线自动化功能应与就地型馈线自动化、就地继电保护等协调配合。　　（对）

98．电压—时间型馈线自动化一次重合闸成功后无法判定故障区间。　　　（对）

99．无论采用何种馈线自动化模式，都要求配电终端具备与主站通信的能力，并将运行信息和故障处理信息上送配电主站。　　　（对）

100．对于转供能力不足导致无恢复供电方案的情况，可考虑对待恢复区进行负荷拆分甚至甩负荷等手段以保证重要用户的恢复供电。　　　（对）

101．集中型馈线自动化宜采用无线通信方式将开关动作信息、故障信息上传主站，对于不具备无线通信条件的，可考虑采用光纤通信方式。　　　（错）

102．电压—时间型馈线自动化，分段开关同一时刻不能有 2 台及以上开关合闸，以避免多个开关同时闭锁导致故障隔离区间扩大。　　　（对）

103．集中型馈线自动化配电线路开关类型只能选用断路器。　　　（错）

104．对于供电半径较短或分段数较多的配电线路，在线路发生故障时，故障位置上游各个分段开关处的短路电流水平往往差异较小，无法针对不同的开关设置不同的电流定值，此时仅能依靠保护动作延时时间级差配合实现故障有选择性的切除。　　　（对）

105．集中型馈线自动化具有定值统一设置，方式调整不需重设的特点，投运后不论配电线路负荷是否变动，均无需重新计算和校核。　　　（错）

106．电压—时间型馈线自动化存在极端情况下，故障隔离失败，造成变电站出线断路器反复合闸的风险。　　　（对）

107．按照所利用的电气量不同，可将选线方法分为利用暂态电气量和利用稳态电气量 2 种。　　　（对）

108．单电源供电时，电流比较故障定位法，当本侧过流且存在上游及下游开关也过流时，则判断故障不在本开关的相邻两侧区域。　　　（对）

109．电压—时间型中，一套固定的定值能适应大部分不同的线路结构。　　　（对）

110．对电流互感器 TA 感应供电回路应具备大电流保护措施，当一次电流达到 20kA 并持续 2s 时，配电终端不应损坏。　　　（对）

111．对于出线开关无重合闸次数配置的配电线路，不宜采用重合器式馈线自动化。（对）

112．分布式 FA 不依赖于主站，所以不需要与主站进行通信和数据传输。　　　（错）

113．分布式 FA 中，终端的控制逻辑应能适应配电网网架的变化。　　　（对）

114．故障研判可以基于配电变压器的失电信息进行分析。　　　（对）

115．较电压—时间型来比，自适应综合型测策略中，非故障区域的恢复时间较长。（对）

116．就地 FA 中，开关若在分位且双侧有电，应禁止合闸并闭锁。　　　（对）

117．就地控制型馈线自动化，联络开关在检测到两侧带电时，延时合闸。 （错）

118．就地型馈线自动化不需要通信条件，投资小，但仅能用于运行方式相对固定且只有一个联络电源的配电线路。 （对）

119．在开关为负荷开关、定位出故障时，馈线自动化需立即跳开开关，进行故障隔离。 （错）

120．馈线自动化可选择事故总触发方式启动。 （错）

121．联络开关身份的识别在正常运行时可以进行，不会影响供电恢复控制速度。（对）

122．配电网中，线路上分段开关愈多，馈线自动化减少故障停电的效果愈好。（对）

123．如果有开关拒动，则速动型 FA 就无法完成。 （错）

124．使用馈线自动化进行故障隔离时，当环网柜出线发生故障时，需要将进线、出线开关均跳开。 （错）

125．速动型 FA 系统中，发生故障后，故障隔离发生在出口断路器保护动作之前。（对）

126．速动型 FA 系统中，应用于配电线路分段开关、联络开关可以为断路器或负荷开关。 （错）

127．速动型分布式 FA 系统，变电站出口断路器速断、过流保护不投入。 （错）

128．在分布式 FA 中，故障处理全过程完成后，再次发生故障时，终端仍应可以进行故障处理。 （对）

129．在分布式 FA 中，终端应通过硬压板和软压板的方式实现 FA 功能的投退，并支持主站远方投退软压板。 （对）

130．智能分布式 FA 安装现场，环网柜及 DTU 中配套电源、供电 TV 的带载能力不重要，可以不测试。 （错）

131．智能分布式 FA 多用于架空型线路上。 （错）

132．自适应综合型中，瞬时单相接地产生的故障记忆应能自动延时复归。 （对）

133．线路开关跳闸重合或强送成功后，随即出现单相接地故障时，应首先判定该线路为故障线路，并立即将其断开。 （对）

134．缓动型分布式馈线自动化主要应用于对供电可靠性要求较高的城区电缆线路，适用于闭环运行的配电网架。 （错）

三、问答题

1．什么是馈线自动化？

答：馈线自动化是利用自动化装置或系统，监视配电网的运行状况，及时发现配电网故障，进行故障定位、隔离和恢复对非故障区域的供电。

2．馈线自动化如何分类？

答．馈线自动化可分为集中型与就地型：

（1）集中型。

全自动式：主站通过收集区域内配电终端的信息，判断配电网运行状态，集中进行故障定位，自动完成故障隔离和非故障区域恢复供电。

半自动式：主站通过收集区域内配电终端的信息，判断配电网运行状态，集中进行故障识别，通过遥控完成故障隔离和非故障区域恢复供电。

（2）就地型。

智能分布式：通过配电终端之间的故障处理逻辑，实现故障隔离和非故障区域恢复供电，并将故障处理结果上报给配电主站；

重合器式：在故障发生时，通过线路开关间的逻辑配合，利用重合器实现线路故障的定位、隔离和非故障区域恢复供电。

3. 什么是邻域速动型分布式 FA？有什么特点？

答：邻域速动型分布式 FA 应用于开关为断路器的 10kV 配电线路上，分布式 FA 终端通过高速通信网络，与同一环网内相邻终端信息交互，在变电站出口动作之前切除故障区域，实现线路故障自愈。

特点：故障处理速度比主站集中式 FA 以及区域缓动型 FA 都要快；可以应用于典型手拉手、双环网、花瓣型等架空或电缆网架结构下故障定位、故障隔离和非故障区恢复供电，故障隔离时间毫秒级；只需要故障邻域区域内通信可靠即可；故障信息不健全情况下难以故障处理，需要主站系统配合；对通信可靠性、时延要求较为严格。

4. 什么是区域缓动型分布式 FA？有什么特点？

答：区域缓动型分布式 FA 应用于开关为负荷开关的 10kV 配电线路上，基于分布式配电终端和 FA 控制器实现，依据终端采集故障信息、FA 控制器故障逻辑判断，在变电站出口动作之后，实现自治区域内的故障快速处理。

特点：可以应用于典型手拉手、双环网等网架结构的架空线和电缆线故障定位、故障隔离和非故障区恢复供电；故障处理速度比主站集中式 FA 更快，故障隔离时间 5s 以内；只需要自治区域内通信可靠即可；故障信息不健全情况下难以故障处理，需要主站系统配合。

5. 某条线路故障重合不成，集中式 FA 启动，经过分析，确定线路前段某个终端漏发过流信号，只有"交流失电动作"及恢复信号，现场应如何排查？

答：排查方法如下：

（1）分析故障点与自动化终端的拓扑关系；

（2）排查漏发信号终端的通信方式、在线稳定性情况，终端其他遥信正确情况；

（3）终端参数、定值设置；

（4）继保仪模拟加量，进行采样值试验；

（5）TA 二次回路检查及伏安特性试验。

6. 馈线自动化的实施原则是什么？

答：馈线自动化的实施原则是：

（1）对于主站与终端之间具备可靠通信条件，且开关具备遥控功能的区域，可采用集中型全自动式或半自动式；

（2）对于电缆环网等一次网架结构成熟稳定，且配电终端之间具备对等通信条件的区域，可采用就地型智能分布式；

（3）对于不具备通信条件的区域，可采用就地型重合器式。

7．简述馈线自动化故障处理控制方式。

答：馈线自动化故障处理的控制方式为：

（1）对于馈线配置了故障自动定位功能，馈线开关不具备遥控条件的，系统应可通过采集的遥测、遥信数据和馈线拓扑分析，自动判定故障区段，并给出故障隔离和非故障区域的恢复方案，通过人工介入的方式进行故障处理，减少故障查找时间；

（2）对于馈线开关具备"三遥"条件的，如该馈线只配置了故障自动定位功能，系统也应给出故障隔离和非故障区域恢复方案，调度员可以选择逐个或批量遥控方式进行相应操作，以加快故障处理速度；

（3）在馈线配置了就地型故障处理功能时，主站端故障处理功能应可实现与就地处理的配合。

8．请分析进行主站集中式 FA 测试的前提条件及主要的测试方法。

答：前提条件：终端调试完成并符合 FA 要求；光纤通道或无线专网通道调试完成并保证 FA 通信要求；主站调试完成并 FA 调试线路 DA 功能策略部署成功。

主要测试方法：终端注入法，主站注入法。

9．简述基于配电变压器失电的信号或跳闸开关的故障分析的启动条件及判断依据。

答：启动条件：配电变压器失电信号（信号来源于三区 E 文件转发后解析出的遥信变位）。

判断分析依据：

（1）完整的拓扑关系（线路需要带电，能拓扑到上游断路器）；

（2）拓扑中的配电变压器失电信号；

（3）配电线路故障指示器信号。

10．简述基于保护动作信号/故障指示器翻牌动作信号的疑似故障分析功能的启动条件及判断依据。

答：启动条件：普通过流保护信号/故障指示器翻牌信号动作，关联设备上游需至少有一个开关在断路器 DA 控制模式表中配置，且运行方式为在线。

判断分析依据：

（1）完整的拓扑关系（线路需要带电，能拓扑到上游断路器）；

（2）配电网开关保护动作信号；

（3）配电线路故障指示器信号。

11．简述 FA 动作流程。

答：FA 动作流程为：

（1）故障发生；

（2）FA 启动，智能终端采集故障信息、相互通信并定位故障点；

（3）相关开关分闸；

（4）若分闸成功，故障隔离，然后非故障区域恢复供电，FA 完成；

（5）若分闸失败，则扩大一级隔离故障，故障隔离成功，恢复非故障区域供电，FA 结束。

12．小接地电流系统中，为什么单相接地保护在多数情况下只是用来发信号，而不动作于跳闸？

答：小接地电流系统中，一相接地时并不破坏系统电压的对称性，通过故障点的电流仅为系统的电容电流，或是经过消弧线圈补偿后的残流，其数值很小，对电网运行及用户的工作影响较小。为了防止再发生一点接地时形成短路故障，一般要求保护装置及时发出预告信号，以便值班人员酌情处理。

13．电压—时间型馈线自动化开关的时限整定原则是什么？

答：电压—时间型馈线自动化开关的时限整定原则为：

（1）保证任一时刻没有两个或两个以上开关同时合闸；

（2）联络开关的延时合闸时限（X_L 时限），大于两侧故障隔离的时间。

14．在配电网中实现馈线自动化具有什么优点？

答：在配电网中实现馈线自动化的优点有：

（1）提高供电可靠性和供电质量；

（2）减少停电时间；

（3）提高服务质量；

（4）提高管理效率，减少电网运行与检修费用；

（5）提高设备利用率，节省线路上的投资。

15．简述电压型馈线自动化联络开关自动延时合闸动作逻辑。

答：当线路发生短路故障后，联络开关会检测到故障线路的一侧失压，若失压时间大于联络开关合闸前确认时间（X_L），则联络开关自动合闸，进行负荷转供，恢复非故障区域供电；若在 X_L 时间内，失压侧线路恢复供电，则联络开关不合闸，以躲避瞬时性故障；若线路为末端故障，联络开关具备瞬时加压闭锁功能，保持分闸状态，避免引起对侧线路跳闸。X_L 时间设置时，应大于最长故障隔离时间，防止故障没有隔离就转供造成停电范围扩大。

16．实施馈线自动化时，对一次网架结构及开关设备的要求是什么？

答：实施馈线自动化对一次网架结构及断路器设备的要求是：

（1）配电线路要使用分段开关合理地分段；

（2）环网供电线路要有足够的备用容量支持负荷转供；

（3）选用的配电网一次开关设备具有电动操作机构。

17．电流互感器防止二次侧开路的措施有哪些？

答：电流互感器防止二次侧开路的措施有：

（1）电流互感器二次回路不允许装设熔断器；

（2）电流互感器二次回路切换时，有可靠的防止开路措施；

（3）已安装但暂时不使用的电流互感器，二次绕组的端子短接并接地；

（4）电流互感器二次回路使用试验端子。

18．简述集中型馈线自动化非故障区域恢复供电方式？

答：恢复供电操作分为手动和自动两种：

（1）由调度员手动或由主站自动向变电站出线开关发出合闸信息，恢复对故障点上游非故障区段的供电；

（2）对故障点下游非故障区段的恢复供电操作，若只有一个单一的恢复方案，则由调度员手动或主站自动向联络开发发出合闸命令，恢复故障点下游非故障区段的供电；

（3）对故障点下游非故障区段的恢复供电，若存在两个及以上恢复方案，主站向调度员提出推荐方案，由调度员选择执行。

19．配电自动化全自动 FA 功能投运要求有哪些？

答：配电自动化全自动 FA 功能投运要求有：

（1）主干线设备无缺陷；

（2）终端定值设置正确；

（3）配电主站图模正确无误，图形设备与现场一致、设备命名、编号正确，满足调度运行要求；

（4）投运线路的拓扑分析和仿真故障测试正确。

20．电压—电流—时间型馈线自动化通常配置三次重合闸，请简要描述各次重合闸的作用。

答：各次重合闸作用为：

（1）一次重合闸用于躲避瞬时性故障，线路分段开关不动作；

（2）二次重合闸隔离故障；

（3）三次重合闸恢复故障点电源测非故障段供电。

21．集中型馈线自动化的特点有哪些？

答：集中型馈线自动化的特点有：

（1）灵活性高，适应性强，适用于各种配电网络结构及运行方式；

（2）要求高可靠和高实时性的通信网络；

（3）可对故障处理过程进行人工干预及管控。

22．集中型馈线自动化现场实施有哪些注意事项？

答：集中型馈线自动化现场实施的注意事项有：

（1）终端设备的过流定值及上送点表配置正确；

（2）配电主站系统与调度主站系统变电站出口开关信息交互正常；

（3）配电线路中开关属性、上送信息等在主站系统配置正确；

（4）主站系统中线路拓扑关系正确。

23．简述各馈线自动化模式下变电站出线开关重合闸及保护要求。

答： 各馈线自动化模式下重合闸及保护要求为：

（1）集中型配合变电站出线开关保护配置；

（2）电压—时间型需配置一次或二次重合闸；

（3）电压—电流—时间型需配置三次重合闸；

（4）自适应综合型需配置一次或二次重合闸。

24. 简述各个馈线自动化模式下的定值适应性。

答： 各馈线自动化模式下的定值适应性如下：

（1）集中型定值统一设置，方式调整不需重设；

（2）电压—时间型定值与接线方式相关，方式调整需重设；

（3）电压—电流—时间型接地隔离时间定值与线路相关；

（4）自适应综合型，定值自适应，方式调整不需重设。

25. 简述集中型馈线自动化保护配置原则中对多级级差保护动作原理。

答： 集中型馈线自动化保护配置原则中对多级级差保护动作原理为：

（1）发生故障时，由故障点上游距离故障点最近的一级保护跳闸，尽量做到用户侧故障不造成线路停电，支线故障不造成干线停电。

（2）由变电站出线断路器或线路首级断路器配置一次重合闸，消除至下一级保护间发生的瞬时性故障；由分支断路器（若有）配置一次重合闸，消除下游发生的瞬时性故障。

（3）由保护完成故障区域上游隔离，若故障区域下游存在可恢复供电的健全区域，则由集中式馈线自动化完成故障区域下游隔离及负荷转供。

26. 速动型分布式 FA 对环网箱有哪些要求？

答： 速动型分布式 FA 对环网箱的要求有：

（1）开关为断路器；

（2）开关具备三相保护 TA，零序 TA（可选配）；

（3）环网箱配置母线 TV；

（4）断路器分闸动作时间不超过 60ms。

27. 缓动型分布式 FA 对环网箱有哪些要求？

答： 缓动型分布式 FA 对环网箱的要求有：

（1）进线为负荷开关，出线为负荷开关或断路器；

（2）开关具备三相保护 TA，零序 TA（可选配）；

（3）环网箱配置母线 TV。

28. 速动型分布式 FA 的布点原则是什么？

答： 速动型分布式 FA 的布点原则是：

（1）配电主干线路开关全部为断路器时，若变电站/开关站出口断路器保护满足延时配合条件，如出口保护延时 0.3s 及以上或变电站出口断路器配置光差保护，可配置速动型分布式 FA；

（2）通过分布式 FA 实现联络互投的线路，配电终端馈线自动化模式应一致，均采用速动型分布式 FA。

29. 缓动型分布式 FA 的布点原则是什么？

答：缓动型分布式 FA 的布点原则为：

（1）配电主干线路开关全部为负荷开关时，配置缓动型分布式 FA；

（2）若变电站/开关站出口断路器保护不满足级差延时配合条件，配置缓动型分布式 FA；

（3）通过分布式 FA 实现联络互投的线路，配电终端馈线自动化模式应一致，均采用缓动型分布式 FA。

30. 二次设备存在哪些问题会导致 FA 动作失败？

答：二次设备会导致 FA 动作失败的问题有：信号漏报、信号误报、后备电源故障、定值不合理。

31. 集中型馈线自动化处理接地故障时，可以参考的接地故障信息有哪些？

答：可参考的接地故障信息有：

（1）配电线路的零序过流动作；

（2）故障指示器的接地故障指示信息；

（3）录波文件解析出的故障特征值；

（4）变电站母线是否有接地故障信息。

32. 简述电压型馈线自动化分段开关参数整定原则。

答：电压型馈线自动化分段断路器参数整定原则为：

（1）同一时刻不能有 2 台及以上开关合闸，以避免多个开关同时闭锁导致故障隔离区间扩大；

（2）优先恢复最长主干线的供电，再处理其他干线；

（3）靠近正常电源点的干线优先供电；

（4）多条干线并列时，主干线优先供电，然后次分干线，再次次分干线。

33. 电压—时间型馈线自动化的局限性有哪些？

答：电压—时间型馈线自动化的局限性有：

（1）无法提供用于瞬时故障区间判断的故障信息；

（2）线路运行方式改变后，需调整终端定值。

34. 分布式 FA 的投入条件有哪些？

答：分布式 FA 的投入条件有：

（1）线路上所有配电终端的硬压板和软压板均在投入状态；

（2）线路上的所有受控断路器或负荷开关均处于可遥控状态；

（3）线路上的所有配电终端的通信正常。

35. 简述分布式控制技术的特点。

答：分布式控制技术的特点有：

（1）智能终端参与实时测量数据处理与控制决策；

（2）参与决策的终端需要与其他智能终端交互测量数据与控制信息；

（3）决策终端向其他终端发出控制命令。

36．含分布式电源复杂配电网故障处理的原则是什么？

答：含分布式电源复杂配电网故障处理的原则是：

（1）优先使用主电网电源，提高供电可靠性；

（2）待故障恢复完毕后，再考虑是分布式电源是否恢复并网；

（3）拥有就地控制系统的分布式电源恢复并网的控制策略由主站下发，由就地控制系统执行。无就地控制系统的分布式电源恢复并网由配电主站直接控制；

（4）由故障隔离操作形成的孤岛，可采用事先选定的部分分布式电源，在故障情况下可参与非故障失电区域的恢复。

37．相比速动型分布式 FA，缓动型具有哪些的局限性？

答：相比速动型分布式 FA，缓动型的局限性有：会造成全线路停电、故障处理不迅速、故障点上游需变电站出线配合。

38．电压—电流—时间型馈线自动化技术的优势有哪些？

答：电压—电流—时间型馈线自动化技术的优势有：

（1）不依赖于通信和主站，实现故障就地定位和就地隔离；

（2）瞬时故障恢复较快；

（3）永久故障恢复较快；

（4）能提供用于瞬时故障区间判断的故障信息。

39．如果变电站仅配置一次重合闸，可通过哪些方法使重合闸再次动作？

答：如果变电站仅配置一次重合闸，使重合闸再次动作的方法有：

（1）设置首个分段开关来时间定值躲过变电站出线开关重合闸充电时间；

（2）借助主站系统对变电站出线断路器的控制策略。

40．智能分布式馈线自动化非故障区自投恢复需要满足哪些条件？

答：智能分布式馈线自动化非故障区自投恢复需满足的条件有：联络自投入、故障区段隔离成功、联络转供过载预判、联络线电压正常。

41．配电网线路保护装置，测控方面的主要功能有哪些？

答：配电网线路保护装置测控方面的主要功能有：事件 SOE，电流、电压、频率等模拟量的遥测，正常断路器遥控分合。

42．简述各类供电区域适用的馈线自动化模式。

答：各类供电区域适用的馈线自动化模式如下：

（1）A＋类供电区域宜采用集中型（全自动方式）或智能分布式；

（2）A、B 类供电区域可采用集中型、智能分布式或就地型重合器式；

（3）C、D 类供电区域可根据实际需求采用就地型重合器式；

（4）E 类供电区域可采用故障监测方式。

43．简述集中型馈线自动化的布点原则。

答：集中型馈线自动化的布点原则为：

（1）对于配电线路关键性节点，如主干线联络开关、分段开关，进、出线较多的节点，配置"三遥"配电终端；

（2）非关键性节点如分支开关、无联络的末端站室等，可不配"三遥"配电终端。

44．当线路发生短路故障或小电阻接地系统的接地故障时，集中型馈线自动化如何实现故障定位？

答：当线路发生短路故障或小电阻接地系统的接地故障时，集中型馈线自动化实现故障定位的方法为：

（1）若为瞬时故障，变电站出线开关跳闸重合成功，恢复供电；

（2）若为永久故障，变电站出线开关再次跳闸并报告主站，同时故障线路上故障点上游的所有 FTU/DTU 由于检测到短路电流也被触发，并向主站上报故障信息；

（3）故障点下游的所有 FTU/DTU 则检测不到故障电流。

45．当线路发生接地故障时，集中型馈线自动化如何实现故障定位？

答：当线路发生接地故障时，集中型馈线自动化实现故障定位的方法为：

（1）变电站接地告警装置告警，若未安装具备接地故障检测功能的配电终端，通过人工或遥控方式逐一试拉出线开关进行选线，然后再通过人工或遥控方式试拉分段开关进行选段。

（2）如果配电线路已安装有具备接地故障检测功能的配电终端，则配电主站系统在收到变电站接地告警信息和配电终端的接地故障信息后，作出故障区间定位判断。

46．简述自适应综合型馈线自动化的技术原理。

答：自适应综合型是在电压—时间型的基础上，增加了故障信息记忆和来电合闸延时自动选择功能，配合变电站出线开关二次合闸，实现多分支多联络配电网架的故障定位与隔离自适应，一次合闸隔离故障区间，二次合闸恢复非故障段供电。

47．简述自适应综合型馈线自动化和线路中间断路器配合的动作原理。

答：当长线路配置中间断路器时，中间断路器将线路分成前后两部分，中间断路器与出线断路器应形成保护级差配合，中间断路器负责线路后段的保护和重合闸。中间断路器配置两次重合闸，线路上分段开关定值整定与普通线路一致。

48．简述通信网络对 FA 准确性的影响。

答：通信网络的稳定性、可靠性是 FA 正常处理的重要保障，通道信号延迟会造成终端频繁上下线，影响信号传递，丢包或者误码会导致关键信号丢失或者上传错误，影响 FA 正常判断、策略的执行等；可能是由于通信运营商的运维问题，也可能是无线通信模板的质量问题，或者网络设备（ONU、EPON、OLT 等）的稳定性问题。

49．简述网架结构对 FA 准确性的影响。

答：常见的影响 FA 动作准确性的网架结构方面的问题一般指单辐射线路或联络开关安装位置不合理，这个从根本上直接影响非故障区间的恢复供电。

50．自动化设备正确投运对 FA 准确性的影响体现在哪些方面？

答：自动化设备正确投运对 FA 准确性的影响体现在：

（1）具备自动化的设备未投远方位置；

（2）遥控压板未投运；

（3）开关处于强合位置。

51. 哪些工作牌未及时在系统中摘除会影响 FA 的准确性？

答：未在系统中摘除实验牌、传动、检修、接地、操作禁止等工作牌会影响 FA 准确性。

52. 如何通过完善配电网架提升 FA 的可靠性？

答：通过完善配电网架以提升 FA 可靠性的方法有：

（1）主干线路宜采用环网接线、开环式运行，导线和设备应满足负荷转移的要求；

（2）主干线路宜采用多分段多联络，并装设分段/联络开关，分段主要考虑负荷密度、负荷性质和线路长度；

（3）配电设备自身可靠，有一定的容量裕度，并具有遥控和某些智能功能。

53. 如图 5-1 所示，在 t_1 时刻 F1 点发生故障，试分析集中型馈线自动化的实现原理。

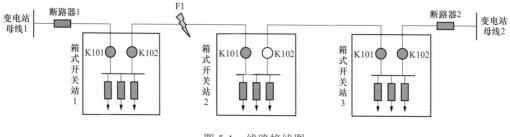

图 5-1　线路接线图

答：该集中型馈线自动化的实现原理如下：

（1）t_1 时刻 F1 点发生故障，变电站出线断路器 1 检测到线路故障，保护动作跳闸，环网柜 1 的 K101、K102 配电终端上送过流信息。

（2）主站收到出线断路器 1 开关变位及事故信号后，判断满足启动条件，开始收集信号。

（3）t_2 时间到（t_2 为系统收集信号完毕时间点），信号收集完毕，系统启动故障分析。主站根据各终端上送过流信息定位故障点在箱式开关站 1 与箱式开关站 2 之间，并生成相应处理策略。

（4）主站发出遥控分闸指令，分开箱式开关站 1 的 K102 与箱式开关站 2 的 K101 开关，将故障区段隔离。

（5）隔离成功后，主站发出遥控合闸指令，首先遥控合闸出线断路器 1 实现电源侧非故障停电区域恢复供电。

（6）随后遥控合闸箱式开关站 2 的 K102 联络开关，实现负荷侧非故障停电区域恢复供电，并记录本次故障处理的全部过程信息，完成本次故障处理。

54．如图 5-2 所示，F1 点发生故障，试分析电压—时间型馈线自动化的实现原理。

答：该电压—时间型馈线自动化的实现原理如下：

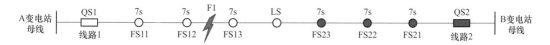

图 5-2 线路接线图

（1）F1 点发生故障，变电站出线断路器 QS1 检测到线路故障，保护动作跳闸，线路 1 所有电压型开关均因失压而分闸，同时联络开关 LS 因单侧失压而启动 X 时间倒计时。

（2）2s 后，变电站出线开关 QS1 第一次重合闸。

（3）7s 后，线路 1 分段开关 FS11 合闸。

（4）7s 后，线路 1 分段开关 FS12 合闸。因合闸于故障点，QS1 再次保护动作跳闸，同时，开关 FS12、FS13 闭锁，完成故障点定位隔离。

（5）变电站出线开关 QS1 第二次重合闸，恢复 QS1 至 FS11 之间非故障区段供电。

（6）7s 后，线路 1 分段开关 FS11 合闸，恢复 FS11 至 FS12 之间非故障区段供电。

（7）通过远方遥控（需满足安全防护条件）或现场操作联络开关合闸，完成联络 LS 至 FS13 之间非故障区段供电。

55．如图 5-3 所示，主干线 FS2 和 FS3 之间发生永久短路故障，试分析自适应综合型馈线自动化的实现原理。其中，QS 为带时限保护和二次重合闸功能的 10kV 馈线出线断路器；FS1～FS6/LS1、LS2：自适应综合型智能负荷分段开关/联络开关；YS1～YS2 为用户分界开关。

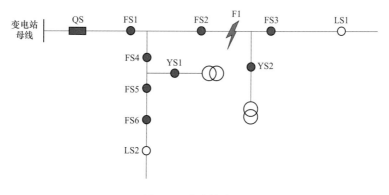

图 5-3 线路接线图

答：自适应综合型馈线自动化的实现原理为：

（1）FS2 和 FS3 之间发生永久故障，FS1、FS2 检测故障电流并记忆；

（2）QS 保护跳闸；

（3）QS 在 2s 后第一次重合闸；

（4）FS1 一侧有压且有故障电流记忆，延时 7s 合闸；

（5）FS2 一侧有压且有故障电流记忆，延时 7s 合闸，FS4 一侧有压但无故障电流记忆，启动长延时 7＋50s（等待故障线路隔离完成，按照最长时间估算，主干线最多四个开关考虑一级转供带四个开关）；

（6）由于是永久故障，QS 再次跳闸，FS2 失压分闸并闭锁合闸，FS3 因短时来电闭锁合闸；

（7）QS 二次重合，FS1、FS4、FS5、FS6 依次延时合闸。

56．如图 5-4 所示，用户分支 YS1 之后发生短路故障，试分析自适应综合型馈线自动化的实现原理。其中，QS 为带时限保护和二次重合闸功能的 10kV 馈线出线断路器；FS1～FS6/LS1、LS2：自适应综合型智能负荷分段开关/联络开关；YS1～YS2 为用户分界开关。

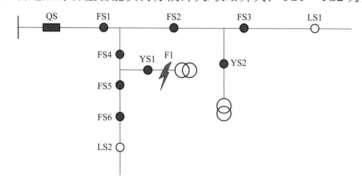

图 5-4 线路接线图

答：该自适应综合型馈线自动化的实现原理如下：
（1）YS1 之后发生短路故障，FS1、FS4、YS1 记忆故障电流；
（2）QS 保护跳闸，FS1～FS6 失压分闸，YS1 无压无流后分闸；
（3）QS 在 2s 后第一次重合闸；
（4）FS1～FS7 依次延时合闸。

57．如图 5-5 所示，主干线 FS5 后发生单相接地故障，试分析自适应综合型馈线自动化的实现原理。其中，QS 为带时限保护和二次重合闸功能的 10kV 馈线出线断路器；FS1～FS6：自适应综合型智能负荷分段开关，设置 FS1 为选线模式，其余开关为选段模式；LS1、LS2：联络开关；YS1～YS2 为用户分界开关。

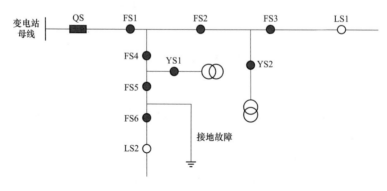

图 5-5 线路接线图

答：该自适应综合型馈线自动化的实现原理如下：

（1）FS5 后发生单相接地故障，FS1、FS4、FS5 依据暂态算法选出接地故障在其后端并记忆；

（2）FS1 延时保护跳闸；

（3）FS1 在延时 2s 后重合闸；

（4）FS4、FS5 一侧有压且有故障记忆，延时 7s 合闸，FS2 无故障记忆，启动长延时；

（5）FS5 合闸后发生零序电压突变，FS5 直接分闸，FS6 感受短时来电闭锁合闸；

（6）FS2、FS3 依次合闸恢复供电。

58. 如图 5-6 所示，主干线 FS12 与 FS13 之间发生短路故障，试分析电压—电流—时间型馈线自动化的实现原理。

图 5-6　线路接线图

答：该电压—电流—时间型馈线自动化的实现原理如下：

（1）若 FS12 与 FS13 之间发生瞬时故障，QS1 跳闸，FS11、FS12、FS13 失压计数 1 次，FS11、FS12 过流计数 1 次，QS1 一次重合成功。

（2）若 FS12 与 FS13 之间发生永久故障：

1）QS1 跳闸，FS11、FS12、FS13 失压计数 1 次，FS11、FS12 过流计数 1 次；

2）QS1 一次重合失败，FS11、FS12、FS13 失压计数 2 次，FS11、FS12 过流计数 2 次。因失压计数 2 次到，FS11、FS12、FS13 均分闸；

3）QS1 二次重合，经合闸闭锁时间 X（大于 QS1 一次重合闸时间），FS11 合闸，并经故障确认时间 Y（一般为 X-0.5），FS11 闭锁；

4）FS11 合闸后经 X 时间，FS12 合闸于故障，QS1 跳闸，在 Y 时间内 FS12 检失压分闸并闭锁，FS13 在 X 时间内检残压闭锁；

5）QS1 三次重合成功。

59. 如图 5-7 所示，按照功率方向整定各分段器的定值，主干线 FS12 与 FS13 之间发生单相接地故障，试分析电压—电流—时间型馈线自动化的实现原理。

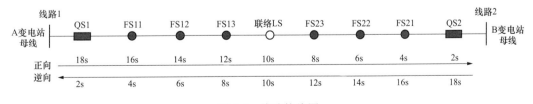

图 5-7　线路接线图

答：该电压—电流—时间型馈线自动化的实现原理如下：

（1）FS12 与 FS13 之间发生单相接地故障，FS12、FS11、QS1 检测到负荷侧发生了单相接地故障，分别启动单相接地故障计时；

（2）14s 后，FS12 分闸并闭锁，完成故障定位和隔离；

（3）通过遥控或现场操作联络开关 LS 合闸，恢复 LS 至 FS13 区段供电；

（4）FS13、LS、FS23、FS22、FS21、QS2 检测到负荷侧发生了单相接地故障，分别启动单相接地故障计时；

（5）8s 后，FS13 分闸并闭锁，完成故障定位和隔离。

60．设线路每公里正序阻抗 Z_1 为 0.2Ω/km，保护安装点到故障点的距离 L 为 20km，对采用线电压相电流的接线方式的距离保护中的阻抗继电器，问在保护范围内发生三相短路时，其测量阻抗为多少（设 nTV＝1，nTA＝1；结果单位取 Ω）？

答：$1.73\times0.2\times20＝69280$（Ω）

61．请说明分界开关运行维护时的注意事项。

答：（1）分界开关严禁串联安装使用。

（2）分界开关应安装在小支线上，不宜安装在大支线首段。

（3）分界开关电源侧与负荷侧严禁装反。

（4）分界开关不能做线路分段开关使用，更不能做线路联络开关使用。

（5）分界开关正常投运时，必须进行合闸后储能操作。

（6）分界开关投运前必须进行通信参数及保护定值的整定工作，分界开关界内容量及导线长度发生变化时，必须重新核对定值是否正确。

（7）分界开关零序过流延时严禁设定为 0s。

（8）分界开关本体及终端设备必须可靠接地且分布进行接地。

第六章

规 程 规 范

一、选择题

1．短时间退出防误操作闭锁装置，由（　　）批准，并应按程序尽快投入。

A．工区
B．配电运维班班长
C．调度控制中心
D．防误专责人

答案：B

2．环网柜部分停电工作，若进线柜线路侧有电，进线柜应设遮栏，悬挂"（　　）"标示牌。

A．止步，高压危险！
B．禁止合闸，有人工作！
C．禁止攀登、高压危险！
D．从此进出

答案：A

3．在带电的电压互感器二次回路上工作，应采取措施防止电压互感器二次侧（　　）。接临时负载，应装设专用的隔离开关和熔断器。

A．短路或接地
B．短路并接地
C．开路
D．过载

答案：A

4．作业人员在接触运用中的二次设备箱体前，应（　　）确认其确无电压。

A．用高压验电器
B．用低压验电器或测电笔
C．以手触试
D．看带电显示

答案：B

5．工作人员在现场工作过程中，凡遇到异常情况（如直流系统接地等）或断路器（开关）跳闸时，不论是否与本工作有关，都应立即（　　），保持现状。

A．停止工作
B．报告运维人员
C．报告领导
D．报告调控人员

答案：A

6．工作许可时，工作票一份由工作负责人收执，其余留存于（　　）处。

A．工作票签发人或专责监护人
B．工作票签发人或工作许可人

183

C．工作许可人或用户负责人

D．工作许可人或专责监护人

答案：B

7．电流互感器和电压互感器的二次绕组应有（　　）永久性的、可靠的保护接地。

A．一点且仅有一点　　　　　　　　　　B．两点

C．多点　　　　　　　　　　　　　　　D．至少一点

答案：A

8．电缆及电容器接地前应逐相充分放电，星形接线电容器的中性点应接地，串联电容器及与整组电容器脱离的电容器应（　　）。

A．全部接地　　　　　　　　　　　　　B．单只接地

C．充分放电　　　　　　　　　　　　　D．逐个充分放电

答案：D

9．当发现配电箱、电表箱箱体带电时，应（　　），查明带电原因，并作相应处理。

A．检查接地装置　　　　　　　　　　　B．断开上一级电源

C．通知用户停电　　　　　　　　　　　D．先接地

答案：B

10．配电站、开关站户内高压配电设备的裸露导电部分对地高度小于（　　）时，该裸露部分底部和两侧应装设护网。

A．2.8m　　　　　B．2.5m　　　　　C．2.6m　　　　　D．2.7m

答案：B

11．使用绝缘电阻表测量绝缘电阻时，应断开被测设备所有可能来电的电源，验明无电压，确认设备无人工作后，方可进行。测量中禁止他人（　　）。测量绝缘电阻前后，应将被测设备对地放电。

A．接近被测设备　　　　　　　　　　　B．接触被测设备

C．接触测试设备　　　　　　　　　　　D．接近测试设备

答案：A

12．依据《配电自动化验收细则（第二版）》的要求，配电自动化系统要求遥测合格率不低于（　　）。

A．96%　　　　　B．97%　　　　　C．98%　　　　　D．99%

答案：C

13．专责监护人临时离开时，应通知（　　）停止工作或离开工作现场，待专责监护人回来后方可恢复工作。

A．工作班成员　　　　　　　　　　　　B．作业人员

C．小组负责人　　　　　　　　　　　　D．被监护人员

答案：D

14．配电站、开关站、箱式变电站等的钥匙至少应有（　　）。

A．一把   B．二把   C．三把   D．四把

答案：C

15．触电急救，胸外心脏按压频率应保持在（   ）次/min。

A．60   B．80   C．100   D．120

答案：C

16．继电保护装置、配电自动化装置、安全自动装置和仪表、自动化监控系统的二次回路变动时，应及时更改图纸，并按（   ）的图纸进行，工作前应隔离无用的接线，防止误拆或产生寄生回路。

A．改动后   B．改动前

C．经审批后   D．原设计

答案：C

17．高压开关柜前后间隔没有可靠隔离的，工作时应（   ）。

A．同时停电   B．加强监护

C．装设围栏   D．加装绝缘挡板

答案：A

18．安全工器具使用前，应检查确认（   ）部分无裂纹、无老化、无绝缘层脱落、无严重伤痕等现象以及固定连接部分无松动、无锈蚀、无断裂等现象。

A．绝缘   B．传动   C．固定   D．外壳

答案：A

19．作业人员应经医师鉴定，无妨碍工作的病症，体格检查每（   ）至少一次。

A．半年   B．一年   C．两年   D．三年

答案：C

20．装有 SF₆ 设备的配电站，应装设强力通风装置，风口应设置在（   ），其电源开关应装设在门外。

A．室内中部   B．室内顶部

C．室内底部   D．室内电缆通道

答案：C

21．由于设备原因，（   ）与检修设备之间连有断路器（开关），在接地开关和断路器（开关）合上后，在断路器（开关）的操作处或机构箱门锁把手上，应悬挂"禁止分闸！"标示牌。

A．停电设备   B．隔离开关

C．接地开关   D．非检修设备

答案：C

22．倒闸操作中发生疑问时，（   ）。待发令人再行许可后，方可继续操作。

A．不得更改操作票，应立即停止操作，并向发令人报告

B．应立即停止操作，并向发令人报告

C．不得更改操作票，应立即停止操作

D．应立即向发令人报告

答案：A

23．高压回路上使用钳形电流表的测量工作，至少应两人进行。非运维人员测量时，应（　　）。

A．填用配电第一种工作票　　　　　　B．填用配电第二种工作票

C．填用配电带电作业工作票　　　　　D．按口头或电话命令执行

答案：B

24．长期停用或新领用的电动工具应用绝缘电阻表测量其绝缘电阻，若带电部件与外壳之间的绝缘电阻值达不到（　　）MΩ，应禁止使用。

A．1　　　　　　B．2　　　　　　C．3　　　　　　D．4

答案：B

25．烧伤急救时，强酸或碱灼伤应迅速脱去被溅染衣物，现场立即用大量清水彻底冲洗，要彻底，然后用适当的药物给予中和；冲洗时间不少于（　　）min。

A．5　　　　　　B．10　　　　　　C．15　　　　　　D．20

答案：B

26．高压试验不得少于（　　），试验负责人应由有经验的人员担任。

A．一人　　　　　　B．两人　　　　　　C．三人　　　　　　D．四人

答案：B

27．发布指令的全过程（包括对方复诵指令）和听取指令的报告时，（　　）应录音并做好记录。

A．低压指令　　　　　　B．高压指令

C．所有指令　　　　　　D．单项指令

答案：B

28．在多电源和有自备电源的用户线路的高压系统接入点，应有明显（　　）。

A．电气指示　　　　　　B．机械指示

C．警示标识　　　　　　D．断开点

答案：D

29．断路器（开关）与隔离开关（刀闸）无机械或电气闭锁装置时，在拉开隔离开关（刀闸）前应（　　）。

A．确认断路器（开关）操作电源已完全断开

B．确认断路器（开关）已完全断开

C．确认断路器（开关）机械指示正常

D．确认无负荷电流

答案：B

30．试验装置的低压回路中应有两个串联电源开关，并装设（　　）。

A．过载自动跳闸装置   B．漏电保安器

C．报警器   D．熔断器

答案：A

31．操作票至少应保存（ ）。

A．6个月   B．1年   C．2年   D．1个月

答案：B

32．电动工具应做到（ ）。

A．一机一闸   B．一机两闸一保护

C．一机一闸一线路   D．一机一闸一保护

答案：D

33．触电急救脱离电源，就是要把触电者接触的那一部分带电设备的（ ）断路器（开关）、隔离开关（刀闸）或其他断路设备断开；或设法将触电者与带电设备脱离开。

A．有关   B．所有   C．高压   D．低压

答案：B

34．远方遥控操作继电保护软压板，至少应有（ ）指示发生对应变化，且所有这些确定的指示均已同时发生对应变化，方可确认该压板已操作到位。

A．两个   B．三个   C．四个   D．一个

答案：A

35．倒闸操作时，对指令有疑问时应向（ ）询问清楚无误后执行。

A．工作负责人   B．发令人

C．工作许可人   D．现场监护人

答案：B

36．任何运行中星形接线设备的中性点，应视为（ ）设备。

A．大电流接地   B．不带电

C．带电   D．停电

答案：C

37．安全工器具宜存放在温度为−15～+35℃、相对湿度为（ ）、干燥通风的安全工器具室内。

A．80%以下   B．80%以上

C．90%以下   D．70%以下

答案：A

38．已操作的操作票应注明（ ）字样。操作票至少应保存1年。

A．已操作   B．已执行   C．合格   D．已终结

答案：B

39．不宜在跌落式熔断器（ ）新装、调换引线，若必须进行，应采用绝缘罩将跌落式熔断器上部隔离，并设专人监护。

A. 上部　　　　　　B. 下部　　　　　　C. 左侧　　　　　　D. 右侧

答案：B

40. 10kV 停电检修的线路与另一回带电的 10kV 线路相交叉或接近至（　　）安全距离以内时，则另一回线路也应停电并接地。

A. 0.4m　　　　　　B. 0.7m　　　　　　C. 1.0m　　　　　　D. 1.2m

答案：C

41. 封闭式高压配电设备（　　）应装设带电显示装置。

A. 进线电源侧

B. 出线线路侧

C. 进线电源侧和出线线路侧

D. 进线侧

答案：C

42. 验收时应有与现场高压配电线路、设备和实际相符的系统模拟图或（　　）（包括各种电子接线图）。

A. 模拟图　　　　　B. 电气图　　　　　C. 地理图　　　　　D. 接线图

答案：D

43. 雨雪天气室外设备宜采用间接验电；若直接验电，应使用（　　），并戴绝缘手套。

A. 声光验电器

B. 高压声光验电器

C. 雨雪型验电器

D. 高压验电棒

答案：C

44. 使用单梯工作时，梯与地面的斜角度约为（　　）。

A. 60°　　　　　　B. 40°　　　　　　C. 30°　　　　　　D. 45°

答案：A

45. 禁止作业人员越过（　　）的线路对上层线路、远侧进行验电。

A. 未停电

B. 未经验电、接地

C. 未经验电

D. 未停电、接地

答案：B

46. 进入作业现场应正确佩戴安全帽，现场作业人员还应穿（　　）、绝缘鞋。

A. 绝缘服

B. 屏蔽服

C. 防静电服

D. 全棉长袖工作服

答案：D

47. 蓄电池检修时要注意防止（　　），拆开的电源线要及时进行绝缘包裹。

A. 交流开路

B. 交流短路

C. 直流开路

D. 直流短路

答案：D

48. 备用搁置的蓄电池，每（　　）个月进行一次补充充电。

A. 一　　　　　　　B. 二　　　　　　　C. 三　　　　　　　D. 五

答案：C

49. 蓄电池验收要求，蓄电池组的绝缘应良好，绝缘电阻应不小于（　　）MΩ。

A．0.2　　　　　　　　B．0.4　　　　　　　　C．0.5　　　　　　　　D．5

答案：C

50. 二次压板标识位置要求在压板连片上或压板连片正下方（　　）mm 处。

A．1　　　　　　　　　B．2　　　　　　　　　C．3　　　　　　　　　D．5

答案：D

51. 馈线自动化功能现场整组测试前，由（　　）选定并提供线路。

A．运维检修部　　　　　　　　　　　　B．配电运检室

C．调控中心/主站　　　　　　　　　　D．测试单位

答案：A

52. （　　）参与全自动馈线自动化投运技术要求的制订，指导各地市公司电力调控中心开展全自动馈线自动化实施工作。

A．运维检修部　　　　　　　　　　　　B．电力调度控制中心

C．电力科学研究院　　　　　　　　　　D．配电运检室

答案：B

53. 回路中安装空气开关，220V 电压空开额定电流为（　　）A。

A．5　　　　　　　　　B．10　　　　　　　　C．15　　　　　　　　D．20

答案：B

54. DTU、FTU 内接地铜排与一次设备接地应用不小于（　　）mm^2 的铜线可靠连接。

A．16　　　　　　　　B．20　　　　　　　　C．25　　　　　　　　D．30

答案：C

55. 安装位置按设计规定，FTU 安装高度（　　）m。

A．2～2.5　　　　　　B．2.5～3　　　　　　C．3～3.5　　　　　　D．3.5～4

答案：C

56. 电流升流试验，遥测量的精度应不低于（　　）级。

A．0.1　　　　　　　　B．0.2　　　　　　　　C．0.5　　　　　　　　D．1

答案：C

57. 为减少现场改造停电时间及提高调试工作质量，一般采用（　　）调试方式。

A．工厂化　　　　　　B．现场　　　　　　　C．单装置　　　　　　D．整机柜

答案：A

58. 单项工程验收由运行单位组织验收，终端设备验收应填写（　　）。

A．配电自动化终端设备验收卡

B．配电自动化终端设备验收表

C．配电自动化工程验收卡

D．配电自动化工程验收表

答案：A

59．对存在严重故障或现场重大变更、且在（　　　）h 内无法恢复运行的配电终端，拟退出运行时，地市公司应履行审批手续方可执行，并通知配电主站进行变更维护。

A．24　　　　　　　　　　　　　　　　B．48

C．72　　　　　　　　　　　　　　　　D．96

答案：C

60．省公司（　　　）负责配合完成配电自动化系统功能测试、配电终端的检测、现场检验工作。

A．运检部　　　　　　　　　　　　　　B．调控中心

C．科信部　　　　　　　　　　　　　　D．省电科院

答案：D

61．地市公司（　　　）负责配合配电运检单位完成其所辖范围内配电通信网终端设备（ONU、工业以太网交换机、电力线载波设备、无线终端设备等）的检修和消缺工作。

A．运检部　　　　　　　　　　　　　　B．调控中心

C．信通分公司　　　　　　　　　　　　D．配电运检单位

答案：C

62．遥信动作阈值应合理设置，保证低于（　　　）的额定电压时，遥信可靠不动作，高于（　　　）的额定电压时，遥信应可靠动作。

A．30%，50%　　　　　　　　　　　　B．20%，70%

C．30%，70%　　　　　　　　　　　　D．20%，80%

答案：C

63．各单位应（　　　）开展配电自动化系统信息正确性评估工作，确保配电自动化系统、配电相关系统（PMS、GIS 等）与现场实际网络接线、调度命名、设备编号的一致性。

A．每年一次　　　　　　　　　　　　　B．每半年一次

C．每季度一次　　　　　　　　　　　　D．每月一次

答案：B

64．电压检修回路工作中（　　　）将 TV 的永久接地点断开。

A．必须　　　　　　　　　　　　　　　B．禁止

C．可以　　　　　　　　　　　　　　　D．根据现场情况

答案：B

65．运行、退运设备标识安装于二次屏柜背面，标识下沿距地面（　　　）mm，横向位置为屏门正中位置。

A．1000　　　　　B．1500　　　　　C．2000　　　　　D．2500

答案：B

66．省经研院负责配合完成配电自动化项目初步设计（　　　）部分的审查工作。

A．质量管控　　　　B．配电主站　　　　C．通信　　　　D．技术经济

答案：D

67. 对被测线路，先设置为（　　）FA 模式，进行 FA 功能的终端注入式测试；测试通过后，将被测线路设置为（　　）FA 模式，再开展 FA 功能的终端注入式测试。

A．分布式，全自动
B．分布式，交互式
C．全自动，分布式
D．交互式，全自动

答案：D

68. 配电自动化建设一次设备查勘记录表由设计单位人员、（　　）单位人员签字。

A．通信　　　　　　B．运检　　　　　　C．运行　　　　　　D．安装

答案：C

69. 一次事故中如同时发生人身事故和电网、设备事故，应认定（　　）。

A．特大人身事故
B．重大人身事故
C．各一次事故
D．重大电网事故

答案：C

70. 技术改进后的自动化设备和软件应经过（　　）的试运行，验收合格后方可正式投入运行，同时对相关技术人员进行培训。

A．3 个月　　　　　B．6 个月　　　　　C．3～6 个月　　　D．1 年

答案：C

71. 配电自动化系统的运行维护管理原则上按（　　）进行管理，并照此原则进行职责划分。

A．服务器类型
B．设备归属关系
C．投运时间
D．设备重要性

答案：B

72. 配电通信设备进行运行维护时，如需要中断通道，应按有关规定事先取得（　　）人员的同意后方可进行。

A．调度
B．配电通信
C．配电主站运行维护
D．运维检修

答案：C

73. 根据运行缺陷的消缺率的指标要求，紧急缺陷消缺率应不低于（　　）。

A．100%　　　　　　B．98%　　　　　　C．95%　　　　　　D．90%

答案：A

74. 依据《国家电网公司大面积停电事件应急预案》，公司电网大面积停电预警分为三级用（　　）表示。

A．红色　　　　　　B．橙色　　　　　　C．黄色　　　　　　D．蓝色

答案：C

75. 参考 IEC-61970/61969，设备有功的量纲为（　　）。

A．MW　　　　　　　B．mw　　　　　　　C．mW　　　　　　D．kVA

答案：A

76.《国家电网公司安全事故调查规程》规定，造成电网减供负荷（   ）MW 以上构成五级电网事件。

A．50   B．100   C．150   D．200

答案：C

77．强化全过程试验检测技术监督，开展供货前抽检工作，确保每个批次、每个厂家、每种型号的到货配电终端抽检比例达到（   ）。

A．0.9   B．1   C．0.8   D．0.5

答案：B

78．依据《配电自动化验收细则（第二版）》的要求，配电自动化系统遥信动作正确率要求不低于（   ）。

A．96%   B．97%   C．98%   D．99%

答案：D

79．配电自动化线路故障抢修、运行方式调整和计划性停送电的倒闸操作，应坚持（   ）原则。

A．应遥必遥   B．必须手动操作

C．必须遥控   D．尽量遥控

答案：A

80．当（   ）变动时不需要进行通信系统校验。

A．通信模块   B．ONU   C．OLT   D．电源模块

答案：D

81．配电自动化储备内容中（   ）项目需单独进行储备。

A．主站升级改造   B．一次设备改造

C．终端类型选择及配置   D．通信方式选择及配置

答案：A

82．运维检修部应（   ）组织各运维单位开展一次集中运行分析工作，组织对缺陷原因、处理情况进行分析，对系统运行中存在的问题制定解决方案，并形成分析报告。

A．每天   B．每周   C．每月   D．每季度

答案：C

83．终端设备验收报告包含工厂验收报告及（   ）。

A．自验收报告   B．现场验收报告

C．调试验收报告   D．差异化验收报告

答案：B

84．新安装的配电终端在投入运行前应进行（   ）。

A．型式试验   B．交接试验

C．出厂试验   D．周期性试验

答案：B

85. 危急缺陷：发生此类缺陷时运行维护部门必须在（　　　）内消除缺陷。

A. 96h   B. 72h   C. 48h   D. 24h

答案：D

86. 统筹兼顾网架结构优化与馈线自动化改造，综合考虑供电可靠性要求、设备选型、（　　　），合理布局线路分段与联络断路器，加强一、二次协同，避免大拆大建、重复建设，满足未来中长期配电网规划要求。

A. 通信条件   B. 运维能力

C. 技术条件   D. 物资条件

答案：A

87. 《中华人民共和国网络安全法》于（　　　）颁布。

A. 2016 年 11 月 7 日   B. 2017 年 6 月 1 日

C. 2017 年 1 月 1 日   D. 2016 年 12 月 1 日

答案：A

88. 《中华人民共和国网络安全法》自（　　　）起施行。

A. 2016 年 11 月 7 日   B. 2017 年 6 月 1 日

C. 2017 年 1 月 1 日   D. 2016 年 12 月 1 日

答案：B

89. 公司对于网络运行安全，将配电自动化的等级保护分为（　　　），（　　　）开展等保测评。

A. 三级，每年   B. 四级，每年

C. 三级，每半年   D. 四级，每年

答案：A

90. 配电设备的防误操作闭锁装置不得随意退出运行，停用防误操作闭锁装置应经（　　　）批准。

A. 工区领导   B. 工作负责人   C. 公司   D. 工区

答案：D

91. 同一张工作票多点工作，工作票上的工作地点、（　　　）应填写完整。不同工作地点的工作应分栏填写。

A. 线路名称   B. 设备双重名称

C. 工作任务   D. 安全措施

答案：ABCD

92. 在发生人身触电事故时，可以不经许可，立即断开有关设备的电源，但事后应立即报告（　　　）。

A. 工作许可人   B. 工作负责人

C. 值班调控人员   D. 运维人员

答案：CD

93. 配电线路、设备故障紧急处理，是指配电线路、设备发生故障被迫紧急停止运行，（   ）的故障修复工作。

A．需短时间恢复供电 　　　　　　　　B．需短时间排除故障

C．连续进行 　　　　　　　　　　　　D．长时间

答案：ABC

94. 电压互感器的二次回路通电试验时，应（   ），防止由二次侧向一次侧反送电。

A．将电压互感器送电

B．取下电压互感器高压熔断器或拉开电压互感器一次隔离开关

C．将二次回路断开

D．断开电压互感器二次侧永久性接地点

答案：BC

95. 连接电动机械及电动工具的电气回路应（   ）。

A．单独设断路器或插座 　　　　　　　B．装设剩余电流动作保护装置

C．金属外壳应接地 　　　　　　　　　D．设置双断路器或双隔离开关

答案：ABC

96. 室内（   ），应设有明显标志的永久性隔离挡板（护网）。

A．母线分段部分 　　　　　　　　　　B．母线交叉部分

C．母线平行部分 　　　　　　　　　　D．部分停电检修易误碰有电设备的

答案：ABD

97. （   ）应根据模拟图或接线图核对所填写的操作项目，并分别手工或电子签名。

A．操作人 　　　　B．发令人 　　　　C．监护人 　　　　D．负责人

答案：AC

98. 继电保护、配电自动化装置、安全自动装置及自动化监控系统（   ）前，应通知运维人员和有关人员，并指派专人到现场监视后，方可进行。

A．做传动试验 　　　　　　　　　　　B．一次通电

C．进行直流系统功能试验 　　　　　　D．校验

答案：ABC

99. 使用电动工具，不得手提（   ）。

A．导线 　　　　　　B．把手 　　　　　　C．转动部分 　　　　D．器身

答案：AC

100. 许可开始工作的命令，应通知工作负责人。其方法可采用（   ）。

A．口头通知 　　　　　　　　　　　　B．当面许可

C．电话许可 　　　　　　　　　　　　D．短信传达

答案：BC

101. 工作前，工作负责人对工作班成员进行（   ），并确认每个工作班成员都已签名。

A．工作任务交底   B．安全措施交底

C．危险点告知   D．现场电气设备接线情况告知

答案：ABC

102．脱离电源后，触电伤员如意识丧失，应在开放气道后 10s 内用（   ）的方法判定伤员有无呼吸。

A．叫   B．看   C．听   D．试

答案：BCD

103．检验继电保护、配电自动化装置、安全自动装置和仪表、自动化监控系统和仪表的工作人员，不得操作（   ）。

A．运行中的设备   B．信号系统

C．保护压板   D．试验仪器

答案：ABC

104．箱式变电站停电工作前，应断开所有可能送电到箱式变电站的线路的（   ），验电、接地后，方可进行箱式变电站的高压设备工作。

A．断路器（开关）   B．负荷开关

C．隔离开关（刀闸）   D．熔断器

答案：ABCD

105．对配电自动化核心单元进行（   ）等时，要注意防止引起开关误动、保护误动、告警误发等。

A．软件升级   B．工控加密

C．定值修改   D．参数配置

答案：ABCD

106．运行中的设备（   ）变动时，应对变动部分的相关功能进行校验。

A．遥信   B．遥测

C．遥控回路   D．通信通道

答案：ABCD

107．配电自动化终端联调技术资料主要包括现场使用的（   ）。

A．设备说明书   B．中国电科院专项检测报告

C．图纸   D．出厂报告

答案：ACD

108．加强设备质量管控，（   ）等所采购的设备必须通过中国电科院组织的专项检测。

A．配电终端   B．线路故障指示器

C．智能配变终端   D．一、二次成套开关

答案：ABCD

109．加强设备质量管控，各单位对（   ）采取到货全检。

A．配电终端   B．线路故障指示器

C．智能配变终端   D．一、二次成套开关

答案：ABC

110．凡违反（   ），则均属于违章行为。

A．国家电网公司《电力安全工作规程》等安全生产规章制度

B．华中电网公司和公司关于安全生产工作的规定

C．本单位安全生产方面的规章制度

D．下级安全生产方面的规章制度

答案：ABC

111．配电终端应建立设备的（   ）等记录。

A．台账（卡）   B．设备缺陷

C．测试数据   D．终端购买人

答案：ABC

112．运行中设备如果（   ），则应补充检验。

A．经过改进或运行软件修改后

B．更换一次设备后

C．运行中发现异常并经处理后

D．稳定运行

答案：ABC

113．各单位应配置配电终端运行维护人员，负责配电终端的（   ）等工作。

A．巡视检查   B．故障处理

C．运行日志记录   D．信息定期核对

答案：ABCD

114．更换下来的蓄电池组应（   ），不合格的蓄电池直接报废，合格的蓄电池应转为备品。

A．检查外观   B．测量电压

C．测量电流   D．进行核对性放电试验

答案：ABD

115．配电自动化建设一次设备查勘记录表包含（   ）。

A．变电站名称   B．线路名称

C．柱开名称编号   D．验收日期

答案：ABC

116．自动化设备的检验分为（   ）。

A．设备出厂验收   B．新安装设备的验收检验

C．运行中设备的定期检验   D．运行中设备的补充检验

答案：ABCD

二、判断题

1. 工作期间，专责监护人若需暂时离开工作现场，应指定能胜任的人员临时代替，离开前应将工作现场交待清楚，并告知全体工作班成员。 （错）

2. 操作票应事先连续编号，计算机生成的操作票应在正式出票前连续编号，操作票按编号顺序使用。 （对）

3. 高压验电时，使用伸缩式验电器，绝缘棒应拉到位，验电时手应握在绝缘棒处，不得超过护环，宜戴绝缘手套。 （错）

4. 无论高压配电线路、设备是否带电，巡视人员不得单独移开或越过遮栏；若有必要移开遮栏时，应工区领导同意，并保持表 6-1 规定的安全距离。 （错）

表 6-1　　　　　　　　　　不同电压等级下的安全距离

电压等级（kV）	安全距离（m）	电压等级（kV）	安全距离（m）
10 及以下	0.7	1000	9.5
20、35	1.0	±50	1.5
66、110	1.5	±400	7.2
220	3.0	±500	6.8
330	4.0	±660	9.0
500	5.0	±800	10.1
750	8.0		

5. 单人操作时，禁止登高或登杆操作。 （对）

6. 拉跌落式熔断器、隔离开关（刀闸），应先拉开两边相，后拉开中相。合跌落式熔断器、隔离开关（刀闸）的顺序与此相反。 （错）

7. 装设于配电变压器低压母线处的反孤岛装置与低压总开关、母线联络开关间应具备操作闭锁功能。 （对）

8. 有断路器（开关）和插拔式熔断器的回路停电，应先断开断路器（开关），并在负荷侧 A 相验明确无电压后，方可取下熔断器。 （错）

9. 配电变压器测控装置二次回路上工作，应按低压带电工作进行，并采取措施防止电流互感器二次侧短路。 （错）

10. 创伤急救时，如果伤员颅脑外伤，应使伤员采取平卧位，保持气道通畅，若有呕吐，应扶好头部和身体，使头部和身体同时侧转，防止呕吐物造成窒息。 （对）

11. 环网柜、电缆分支箱等箱式配电设备宜装设验电、接地装置。 （对）

12. 低压配电网巡视时，禁止触碰裸露带电部位。 （对）

13. 依据《国家电网公司电力安全工作规程》，工作票由工作负责人填写，也可以由工作票签发人填写。 （对）

14．监护操作时，其中一人对设备较为熟悉者操作。特别重要和复杂的倒闸操作，由熟练的运行人员操作，运行值班负责人监护。　　　　　　　　　　　　　　（错）

15．事故应急处理可以不用操作票。　　　　　　　　　　　　　　　　（对）

16．调度操作票功能应满足调度人员日常操作票管理工作的可靠性、安全性、快速性、方便性等要求。　　　　　　　　　　　　　　　　　　　　　　　　　　　（对）

17．调度管辖、调度许可和调度同意的设备，严禁约时停送电。　　　　（对）

18．调控运行值班人员在规程容许下，可以投、退具备遥控条件的软压板。　（对）

19．未经值班调控人员许可，任何人不得操作调控机构调度管辖范围内的设备（电网运行遇有危及人身和设备安全的情况除外）。　　　　　　　　　　　　　　（对）

20．触电者神志不清、无判断意识、有心跳，但呼吸停止或极微弱时，应立即用仰头抬颏法，使气道开放，并对触电者施行心脏按压。　　　　　　　　　　　　　（错）

21．现场校验电流互感器、电压互感器应停电进行，试验时应有防止反送电、防止人员触电措施。　　　　　　　　　　　　　　　　　　　　　　　　　　　（对）

22．低压验电前应先在有电部位上试验，以验证验电器或测电笔良好。　（错）

23．检验继电保护、配电自动化装置的工作人员，可以操作运行中的设备、信号系统、保护压板。　　　　　　　　　　　　　　　　　　　　　　　　　　　（错）

24．线路双重称号指线路名称和编号。　　　　　　　　　　　　　　　（错）

25．机具和安全工器具入库、出库、使用前应进行试验。　　　　　　　（错）

26．二次设备箱体应可靠接地且接地电阻应满足要求。　　　　　　　　（对）

27．配电设备的操作机构上应有中文操作说明和状态指示。　　　　　　（对）

28．禁止用断、接空载线路的方法使两电源解列或并列。　　　　　　　（对）

29．倒闸操作有就地操作和遥控操作两种方式。　　　　　　　　　　　（对）

30．骨折急救时，开放性骨折，伴有大出血者，先固定、再止血，并用干净布片覆盖伤口，然后速送医院救治。　　　　　　　　　　　　　　　　　　　　　　（错）

31．作业人员作业过程中，应随时检查安全带是否拴牢。　　　　　　　（对）

32．检修联络用的断路器（开关）、隔离开关（刀闸），应在其来电侧验电。　（错）

33．搬运试验设备时应防止误碰运行设备，造成相关运行设备继电保护误动。　（对）

34．当发现有人低压触电时，可通过抓住触电者脚上的绝缘鞋的方法，使触电者脱离电源。　　　　　　　　　　　　　　　　　　　　　　　　　　　　　　（错）

35．短时间退出防误操作闭锁装置，由配电运维班班长批准，并应按程序尽快投入。
　　　　　　　　　　　　　　　　　　　　　　　　　　　　　　　（对）

36．配电线路、设备停电时，对不能直接在地面操作的断路器（开关）、隔离开关（刀闸）的操作机构应加锁。　　　　　　　　　　　　　　　　　　　　　　（错）

37．低压配电线路和设备停电后，检修或装表接电前，应在与停电检修部位或表计电气上直接相连的可验电部位验电。　　　　　　　　　　　　　　　　　　　　（对）

38．配电站、开关站、箱式变电站的门应朝向内开。　　　　　　　　　（错）

39．清扫运行中的二次设备和二次回路时，应使用防静电工具，并采取措施防止振动、误碰。 （错）

40．在二次回路通电前应通知运维人员，得到运维人员许可后即可加压。 （错）

41．操作人员接触低压金属配电箱（表箱）前应先验电。 （对）

42．安全工器具经试验合格后，应在醒目的部位粘贴合格证。 （错）

43．操作人应按操作票填写的顺序逐项操作，每操作完一项，应检查确认后做一个"√"记号，全部操作完毕后进行复查。复查确认后，受令人应立即汇报发令人。 （对）

44．作业人员在发现直接危及人身、电网和设备安全的紧急情况时，有权停止作业或者在采取可能紧急措施后撤离作业场所，并立即报告。 （对）

45．单人操作、检修人员在倒闸操作过程中禁止解锁；若需解锁，应待增派运维人员到现场，履行手续后处理。 （对）

46．在有感应电压的线路上测量绝缘电阻时，应采取可靠绝缘措施后方可进行。 （错）

47．低压电气工作，应采取措施防止误入相邻间隔、误碰相邻带电部分。 （对）

48．计量、负控装置工作时，应有防止电流互感器二次侧开路、电压互感器二次侧短路和防止相间短路、相对地短路、电弧灼伤的措施。 （对）

49．任何人不得解除闭锁装置。 （错）

50．用户侧设备检修，需电网侧设备配合停电时，应得到用户停送电联系人的电话申请，经批准后方可停电。 （错）

51．低压开关（熔丝）拉开（取下）后，应在适当位置悬挂"禁止合闸，有人工作！"或"禁止合闸，线路有人工作！"标示牌。 （对）

52．使用钳形电流表测量时若需拆除遮栏（围栏），应在拆除遮栏（围栏）后立即进行。工作结束，应恢复遮栏（围栏）原状。 （错）

53．一张工作票中，工作票签发人、工作许可人和工作负责人三者不得为同一人。（对）

54．2台及以上配电变压器低压侧共用一个接地引下线时，其中任意一台配电变压器停电检修，其他配电变压器也应停电。 （对）

55．电压互感器的二次回路通电试验时，应将二次回路断开，并取下电压互感器高压熔断器或拉开电压互感器一次刀闸，防止由一次侧向二次侧反送电。 （错）

56．单人操作是指一人进行的操作。 （对）

57．同一天在几处同类型高压配电站、开关站、箱式变电站、柱上变压器等配电设备上同时进行的同类型停电工作，可使用一张配电第一种工作票。 （错）

58．高压配电（含相关场所及二次系统）工作，与邻近带电高压线路或设备的距离大于表6-1规定，不需要将高压线路、设备停电或做安全措施者，应填用配电第二种工作票。 （对）

59．开关改线路检修时，一次设备严格按照停电、验电、接地顺序进行操作，同时配电自动化装置要配合将操作方式选择开关由"远方"切至"就地"位置，并退出开关遥控分合闸压板，防止开关误动。 （对）

60．电源模块应能自动和手动进行恒流限压充电→恒压充电→浮充电，原则上投入手动状态。　　　　　　　　　　　　　　　　　　　　　　　　　　　（错）

61．二次压板标识尺寸必须为 30mm×10mm。　　　　　　　　　（错）

62．二次接线端子名称牌标识应能明确反映接线端子的功能。　　（对）

63．全自动投运技术要求配电终端处于"就地"工作状态，遥控压板投入，可进行正常遥控。　　　　　　　　　　　　　　　　　　　　　　　　　　　（错）

64．配电自动化项目验收分为单项工程竣工验收和整体工程竣工验收及实用化验收。

（对）

65．配电终端更换，配电运检单位确保变更后的配电终端参数与已通过测试参数一致，不需要重新进行馈线自动化测试。　　　　　　　　　　　　　　　（对）

66．终端通信软件程序升级后，应对终端各项功能进行重新验收。　（错）

67．配电二次回路日常巡视应针对二次回路反措要求、常见故障和缺陷，编制二次回路专业巡视卡，结合一次设备开展日常巡视。　　　　　　　　　　　（错）

68．配电自动化通信设备巡视以网管状态监视为主，现场巡视作为辅助手段。（对）

69．发生严重缺陷的配电终端允许带缺陷运行一段时间。　　　　　（对）

70．新建配电网项目，应按照配电自动化相关技术导则要求，进行配电自动化建设。（对）

71．不具备配电自动化功能的配电网杆线迁移项目，可以不进行配电自动化改造。（错）

72．终端设备应能承受频率 f 为 2Hz～9Hz，振幅为 0.3mm 及 f 为 9Hz～500Hz，加速度为 $1m/s^2$ 的振动。振动之后，设备不应发生损坏和零部件受振动脱落现象。　（对）

73．智能配电设备质量提升中的型式试验为全检。　　　　　　　（错）

74．新产品定型时，应进行型式试验。　　　　　　　　　　　　（对）

75．产品停产 1 年以上又重新恢复生产时，可不进行型式试验，直接进行生产。（错）

76．专业检测应由具备国家级资质的检测机构进行。　　　　　　（对）

77．配电自动化系统的运行维护管理原则上按设备归属关系进行管理，并照此原则进行职责划分。　　　　　　　　　　　　　　　　　　　　　　　（对）

78．配电自动化系统各运行维护部门应针对可能出现的故障，制订相应的应急方案和处理流程。　　　　　　　　　　　　　　　　　　　　　　　　　（对）

79．根据现场实际情况，每两年定期对蓄电池组做清洁检查工作。保持蓄电池清洁，极板、极柱接触良好，连接螺丝牢固，不得有放电现象。　　　　　　　（错）

80．接线完成之后，测试仪模拟的所有开关都要进行"三遥"测试的验证，联系配电主站核对测试仪"三遥"正确性。　　　　　　　　　　　　　　　　（对）

81．验收某一开关时，应做到脱开该压板开关不能遥控，合上该压板可以遥控，每次验收开关所有开关压板均应合上。　　　　　　　　　　　　　　　（错）

82．配电自动化终端联调监护人负责检查工作票所列安全措施是否正确完备。　（错）

83．运行、检修人员不得随意拆除、挪动、变更设备运行标识，若设备名称编号发生异动时，运行单位应及时更新。　　　　　　　　　　　　　　　　（对）

84．一般缺陷必须在一个月内消除。 （错）

85．业扩接入、居配项目应按照相关要求，将一、二次设备、通信设施同步建设，实现配电自动化功能。 （对）

86．若出现自动化系统异常或遥控失败的情况，由调控值班员通知运行人员进行现场操作，并由运行人员对现场一、二次设备进行检查，消除缺陷。 （错）

87．对于已实施配电自动化的单位需对终端定值的编制、下达、执行、检验加强管理。 （错）

88．对于不具备转供条件的线路，可分步实施，先实现后端非故障区间的自动恢复功能，结合网架结构优化、自动化改造，逐步实现前端非故障区间的恢复功能。 （错）

89．对于自动化线路，需逐条线路制订投运计划与保障措施。 （错）

90．对于架空线路，按照"三遥"标准同步配置终端设备，确保一步到位，避免重复建设。 （错）

91．在执行保护定值过程中如对定值存在疑问，应立即与定值整定人取得联系，经核实无误后方可继续执行。 （错）

92．国家能源局组织开展电力行业网络与信息安全的设备采购工作。 （错）

93．国家网信部门协调有关部门建立健全网络安全风险评估和应急工作机制，制订网络安全事件应急预案，并定期组织演练。 （对）

94．国家能源局组织制订电力行业网络与信息安全的发展战略和总体规划。 （对）

95．国家能源局及其派出机构进行监督检查和事件调查时，可以查阅、复制与检查事项有关的文件、资料，对可能被转移、隐匿、损毁的文件、资料予以封存。 （对）

96．依据网络安全法，在发生危害网络安全的事件时，应立即启动应急预案，采取相应的补救措施，并按照规定向有关主管部门报告。 （对）

97．维护网络运行安全应制订内部安全管理制度和操作规程，确定网络安全监护人，落实网络安全保护责任。 （错）

98．当电力生产控制大区出现安全事件，尤其是遭到黑客、恶意代码攻击和其他人为破坏时，应当立即向其上级电力调度机构以及当地国家能源局派出机构报告，同时按应急处理预案采取安全应急措施。 （对）

99．网络运营者不得泄露、篡改、毁损其收集的个人信息；未经被收集者同意，不得向他人提供个人信息。但是，经过处理无法识别特定个人且不能复原的除外。 （对）

100．对已停电的设备，在未获得调度许可开工前，应视为有随时来电的可能，严禁自行进行检修。 （对）

101．检验现场试验电源允许从运行设备上取电。 （错）

三、问答题

1．按照实际管理检验，分析正式运行的配电自动化终端设备应具备哪些技术资料？

答：分析正式运行的配电自动化终端设备应具备的技术资料有：

（1）配电自动化相关的设备运维与检修管理规定、办法；

（2）设计单位提供的设计资料；

（3）现场安装接线图、原理图和现场调试、测试记录；

（4）设备投运和退役的相关记录；

（5）各类设备运行记录（如运行日志、巡视记录、缺陷记录、设备检测记录、系统备份记录等）；

（6）设备故障和处理记录；

（7）软件资料（如程序框图、文本及说明书、软件介质及软件维护记录簿等）；

（8）配电自动化设备运行分析报表。

2．操作票：以通二西苑 669 柱上开关调度端远方操作为例，简述开关由运行改线路检修时的操作顺序？

答：该开关由运行改线路检修时的操作顺序如下：

（1）拉开通二西苑 669 柱上开关（联系调度远方操作）；

（2）将通二西苑 669 柱上开关由"远方"切至"就地"位置；

（3）退出通二西苑 669 柱上开关遥控分、合闸压板；

（4）检查通二西苑 669 柱上开关确在分闸位置；

（5）在通二西苑 669 柱上开关停电线路侧验明三相确无电压；

（6）在通二西苑 669 柱上开关停电线路侧挂接地线一组；

（7）在通二西苑 669 柱上开关配电自动化终端箱处挂"禁止合闸，线路有人工作"牌。

3．操作票：以广大 1#环网柜广银 101 断路器调度端远方操作为例，简述断路器由线路检修改运行时的操作顺序？

答：广银 101 断路器由线路检修改运行时的操作顺序为：

（1）检查 SF_6 气体压力指示正常；

（2）拉开广银 1014 接地开关；

（3）检查广银 1014 接地开关分闸良好；

（4）检查广银 101 断路器送电范围内确无遗留接地；

（5）拆除广银 101 断路器处"禁止合闸，有人工作"牌；

（6）拆除配电自动化终端屏处"禁止合闸，有人工作"牌；

（7）将广银 101 断路器由"就地"切至"远方"位；

（8）测量广银 101 断路器遥控分、合闸压板两端确无电压后，将其投入；

（9）合上广银 101 断路器（联系调度远方操作）；

（10）检查广银 101 断路器确在合闸位置。

4．简述环网柜"断路器＋线路接地开关"型线路断路器由运行改线路检修时的操作顺序。（以广大 1#环网柜广银 101 断路器调度端远方操作为例）

答：广银 101 断路器由运行改线路检修的操作顺序如下：

（1）检查 SF$_6$ 气体压力指示正常；

（2）检查广银 101 断路器线路侧三相带电指示灯亮；

（3）拉开广银 101 断路器（联系调度远方操作）；

（4）将广银 101 断路器由"远方"切至"就地"位置，如果有自动化终端，将广大 1#环网柜配电自动化终端屏由"远方"切至"就地"位置；

（5）退出广银 101 断路器遥控分、合闸压板；

（6）检查广银 101 断路器线路侧三相带电指示灯熄灭；

（7）检查广银 101 断路器确在分闸位置；

（8）在广银 101 断路器处挂"禁止合闸，有人工作"牌；

（9）在配电自动化终端屏处挂"禁止合闸，有人工作"牌；

（10）在广银 101 断路器线路侧验明三相确无电压；

（11）合上广银 1014 接地开关；

（12）检查广银 1014 接地开关合闸良好。

5．简述环网柜"断路器＋线路接地开关"型线路断路器由线路检修改运行的操作顺序。（以广大 1#环网柜广银 101 断路器调度端远方操作为例）

答：广银 101 断路器由线路检修改运行的操作顺序如下：

（1）检查 SF$_6$ 气体压力指示正常；

（2）拉开广银 1014 接地开关；

（3）检查广银 1014 接地开关分闸良好；

（4）检查广银 101 断路器送电范围内确无遗留接地；

（5）拆除广银 101 断路器处"禁止合闸，有人工作"牌；

（6）拆除配电自动化终端屏处"禁止合闸，有人工作"牌；

（7）将广银 101 断路器由"就地"切至"远方"位置，如果有自动化终端，将广大 1#环网柜配电自动化终端屏由"就地"切至"远方"位置；

（8）测量广银 101 断路器遥控分、合闸压板两端确无电压后，将其投入；

（9）合上广银 101 断路器（联系调度远方操作）；

（10）检查广银 101 断路器确在合闸位置。

6．简述配电终端后备电源要求。

答：配电终端所配套的后备电源应满足：

（1）后备电源宜采用免维护阀控铅酸蓄电池、锂电池或超级电容；

（2）后备电源额定电压宜采用 24V、48V；

（3）蓄电池寿命应不少于 3 年；超级电容寿命应不少于 6 年。

7．简述配电终端通信要求。

答：配电终端与主站系统的通信应满足：

（1）RS-232/RS-485 接口传输速率可选用 1200bit/s、2400bit/s、9600bit/s 等，以太网接口传输速率可选用 10/100Mbit/s 全双工等；

（2）无线通信模块支持端口数据监视功能，监视当前模块状态、IP 地址、模块与无线服务器之间的心跳、模块与终端之间的心跳等；具备网络中断自动重连功能；

（3）配电终端与主站建立连接时间应小于 60s；

（4）接受并执行主站系统下发的对时命令，光纤通道对时精度应不大于 1s，无线通信方式对时精度应不大于 10s。

8．配电终端供电电源采用交流 220V 供电或电压互感器供电时应满足什么技术参数指标？

答：配电终端供电电源采用交流 220V 供电或电压互感器供电时应满足的技术标准如下：

（1）电压标称值应为单相 220V 或 110V（100V）；

（2）标称电压容差为＋20%～－20%；

（3）频率为 50Hz，频率容差为±5%；

（4）波形为正弦波，谐波含量小于 10%。

9．配电终端配置配电线损采集模块时，FTU 和 DTU 内部提供电源分别有什么技术要求？

答：终端配置配电线损采集模块时，FTU 内部提供电源额定电压 24V 或 5V，电压波动范围不大于 5%；DTU 内部提供电源额定电压 48V，电压波动范围不大于 5%。

10．配电终端配套兼容 2G/3G/4G 数据通信技术的无线通信模块时，配电终端电源有何技术要求？

答：终端配套兼容 2G/3G/4G 数据通信技术的无线通信模块时，通信电源额定电压 24V，稳态电压输出精度±15%，电源稳定输出容量不小于 3W，瞬时输出容量不小于 5W，持续时间不小于 50ms。

11．请回答一次设备停电检修时的操作步骤。

答：一次设备停电检修时应按照停电、验电、接地、悬挂标示牌和装设遮拦（围栏）顺序进行操作，同时配电自动化装置要配合将操作方式选择断路器由"远方"切至"就地"位置，退出断路器遥控分合闸压板，将断路器的电动操作机构电源空开拉开，防止断路器误动，并将相应的安全措施按顺序列入对应的安全措施票，按步骤执行和恢复。

12．配电网自动化对一次接线的要求？

答：配电网自动化对一次接线的要求如下：

（1）配电自动化实施区域的网架结构应布局合理、成熟稳定，其接线方式应满足 Q/GDW 156《城市电力网规划设计导则》和 Q/GDW 370《城市配电网技术导则》等标准要求。

（2）一次设备应满足遥测和（或）遥信要求，需要实现遥控功能的还应具备电动操作机构。

（3）实施馈线自动化的线路应满足故障情况下的负荷转移要求，具备负荷转供路径和足够的备用容量。

（4）配电自动化实施区域的站、所应提供适用的配电终端工作电源，进行配电网电缆通道建设时，应考虑同步建设通信通道。

13. 根据《配电自动化建设、运维检修相关工作意见》的要求，发现配电自动化系统缺陷时应如何进行管理？

答：根据《配电自动化建设、运维检修相关工作意见》的要求，配电自动化系统缺陷时的管理应遵循：

（1）将发现的缺陷按相关规定划分为危机缺陷、严重缺陷、一般缺陷，采取相应的必要措施。

（2）当发生的缺陷威胁到其他系统或一次设备正常运行时，运维单位应及时采取有效的安全技术措施进行隔离，缺陷消除前，加强监视、防止缺陷升级。发生危急缺陷时，立即报送运维检修部协调解决。

（3）配电自动化设备缺陷纳入生产管理系统、调度管理系统，实现缺陷闭环管理。

（4）运维检修部每月组织各运维单位开展一次集中运行分析工作，组织对缺陷原因、处理情况进行分析，对系统运行中存在的问题制定解决方案，并形成分析报告。

14. "两票三制"的两票和三制是指什么？

答：两票：工作票、操作票。

三制：交接班制、巡回检查制、设备定期试验与轮换制。

15. 在配电线路和设备上工作保证安全的技术措施有哪些？

答：在配电线路和设备上工作保证安全的技术措施有停电、验电、接地、悬挂标示牌和装设遮栏（围栏）等。

16. 运维人员在高压回路上使用钳形电流表进行测量时，应采取下列哪些安全措施？

答：在高压回路上使用钳形电流表进行测量时，运维人员可采取的安全措施有：

（1）穿绝缘鞋（靴）或站在绝缘垫上；

（2）戴绝缘手套；

（3）不得触及其他设备；

（4）观测钳形电流表数据时，应注意保持头部与带电部分的安全距离。

17. 作业人员应掌握哪些知识，并经考试合格才能上岗？

答：作业人员需掌握的知识有：

（1）接受相应的安全生产知识教育和岗位技能培训；

（2）掌握配电作业必备的电气知识；

（3）掌握配电作业必备的业务技能；

（4）并按工作性质，熟悉本规程的相关部分。

18. 当验明检修的低压配电线路、设备确已无电压后，应采取哪些措施防止反送电？（至少一项）

答：当验明检修的低压配电线路、设备确已无电压后，防止反送电应采取的措施有：

（1）所有相线和零线接地并短路；

（2）绝缘遮蔽；

（3）在断开点加锁、悬挂"禁止合闸，有人工作！"或"禁止合闸，线路有人工作！"

的标示牌。

19．可以不使用操作票的操作项目有哪些？

答：可不使用操作票的操作项目有：

（1）事故紧急处理；

（2）拉合断路器的单一操作；

（3）程序操作；

（4）低压操作；

（5）工作班组的现场操作。

20．就地使用遥控器操作断路器有哪些规定？

答：就地使用遥控器操作断路器，遥控器的编码应与断路器编号唯一对应。操作前，应核对现场设备双重名称。遥控器应有闭锁功能，须在解锁后方可进行遥控操作。为防止误碰解锁按钮，应对遥控器采取必要的防护措施。

21．在带电的电流互感器二次回路上工作，有哪些注意事项？

答：在带电的电流互感器二次回路上工作应采取措施防止电流互感器二次侧开路。短路电流互感器二次绕组，应使用短路片或短路线，禁止用导线缠绕。

22．二次设备现场检修时，使用试验设备有哪些注意事项？

答：二次设备现场检修时，使用试验设备的注意事项有：在继电保护、配电自动化装置、安全自动装置和仪表及自动化监控系统屏间的通道上安放试验设备时，不能阻塞通道，要与运行设备保持一定距离，防止事故处理时通道不畅。搬运试验设备时应防止误碰运行设备，造成相关运行设备继电保护误动作。清扫运行中的二次设备和二次回路时，应使用绝缘工具，并采取措施防止振动、误碰。

23．现场勘察的内容包含哪些？

答：现场勘察应查看检修（施工）作业需要停电的范围、保留的带电部位、装设接地线的位置、邻近线路、交叉跨越、多电源、自备电源、地下管线设施和作业现场的条件、环境及其他影响作业的危险点。

24．电网管理单位与分布式电源用户签订的并网协议中，在安全方面至少应明确哪些内容？

答：电网管理单位与分布式电源用户签订的并网协议中，在安全方面至少应明确：

（1）并网点开断设备（属于用户）操作方式。

（2）检修时的安全措施。双方应相互配合做好电网停电检修的隔离、接地、加锁或悬挂标示牌等安全措施，并明确并网点安全隔离方案。

（3）由电网管理单位断开的并网点开断设备，仍应由电网管理单位恢复。

25．《国家电网公司电力安全工作规程（配电部分）》（试行）对工作许可人规定的安全责任有哪些？

答：《国家电网公司电力安全工作规程（配电部分）》（试行）对工作许可人规定的安全责任有：

（1）审票时，确认工作票所列安全措施是否正确完备。对工作票所列内容发生疑问时，应向工作票签发人询问清楚，必要时予以补充。

（2）保证由其负责的停、送电和许可工作的命令正确。

（3）确认由其负责的安全措施正确实施。

26. 哪些安全工器具应进行试验？

答： 应进行试验的安全工器具有：

（1）规程要求试验的安全工器具；

（2）新购置和自制的安全工器具；

（3）检修后或关键零部件已更换的安全工器具；

（4）对机械、绝缘性能产生疑问或发现缺陷的安全工器具；

（5）出了问题的同批次安全工器具。

27. 如何通过间接验电判断设备已无电压？

答： 对无法直接验电的设备，应间接验电，即通过设备的机械位置指示、电气指示、带电显示装置、仪表及各种遥测、遥信等信号的变化来判断。判断时，至少应有两个非同样原理或非同源的指示发生对应变化，且所有这些确定的指示均已同时发生对应变化，方可确认该设备已无电压。

28. 高压触电可采用哪些方法使触电者脱离电源？

答： 使高压触电者脱离电源的方法：

（1）立即通知有关供电单位或用户停电；

（2）戴上绝缘手套，穿上绝缘靴，用相应电压等级的绝缘工具按顺序拉开电源开关或熔断器；

（3）抛掷裸金属线使线路短路接地，迫使保护装置动作，断开电源。

29. 紧急救护时，现场工作人员应掌握哪些救护方法？

答： 现场工作人员都应定期接受培训，学会紧急救护法，会正确解脱电源，会心肺复苏法，会止血、会包扎、会固定，会转移搬运伤员，会处理急救外伤或中毒等。

30. 创伤急救的原则是什么？

答： 创伤急救原则上是先抢救、后固定、再搬运，并注意采取措施，防止伤情加重或污染。需要送医院救治的，应立即做好保护伤员措施后送医院救治。急救成功的条件是：动作快、操作正确，任何延迟和误操作均可加重伤情，并可导致死亡。

31. 配电自动化设备如何正确外接测量或电源电压？

答： 配电自动化设备正确外接测量或电源电压时应首先将电压端子排上的联片拨开，保证配电自动化装置与 TV 的二次侧断开，防止电压反冲到高压回路。

32. 简述配电自动化终端保护验收要求。

答： 配电自动化终端保护验收要求为：

（1）出口压板、功能压板逻辑正确；

（2）控制字、定值设置、软压板投退负荷定值单；

（3）保护联动开关正确（即模拟故障，保护及重合闸正确动作，开关变位正确、遥信正确）。

33．馈线自动化功能整组测试现场侧标准化作业测试步骤有哪些？

答：馈线自动化功能整组测试现场侧标准化作业测试步骤如下：

（1）根据二次工作安全措施票做好安全措施；

（2）端子排检查；

（3）压板检查；

（4）各类空开及屏蔽接地检查；

（5）终端装置检查；

（6）检查终端软件版本号及检验码；

（7）接入测试仪的开关安全隔离与防护；

（8）未接入测试仪的开关的安全隔离与防护；

（9）测试仪"三遥"接入至自动化装置；

（10）接线检查；

（11）测试仪"三遥"联调测试；

（12）模拟故障；

（13）数据记录；

（14）根据二次工作安全措施票恢复安全措施。

34．对配电自动化设备进行检修时，按实际工作类型分为以下几种安全措施？

答：对配电自动化设备进行检修时，安全措施按实际工作类型可分为：

（1）电压检修回路、电流检修回路；

（2）遥控回路检修、遥信回路检修；

（3）电源模块、蓄电池检修；

（4）软件升级、参数修改检修、板件更换检修。

35．馈线自动化功能现场整组测试现场侧专责监护人的职责有哪些？

答：馈线自动化功能现场整组测试现场侧专责监护人的职责有：

（1）明确被监护人员和监护范围；

（2）工作前对被监护人员交待安全措施、告知危险点和安全注意事项；

（3）监督被监护人员遵守安全规程和现场安全措施，及时纠正不安全行为。

36．地市公司配电运检单位的自动化日常巡视内容包含哪些？

答：地市公司配电运检单位的自动化日常巡视内容包含：

（1）所辖范围内配电终端及其相关设备；

（2）所辖范围内配电通信网终端设备；

（3）所辖范围内配电通信网通道（含通信光缆）。

37．配电终端故障录波功能具体要求包括哪些？

答：配电终端故障录波功能具体要求包括：

（1）录波功能启动条件包括过流故障、线路失压、零序电压、零序电流突变等，可单独或组合设定。

（2）录波内容应包含故障发生时刻前不少于 4 个周波和故障发生时刻后不少于 8 个周波的波形数据，录波点数为不少于 80 点/周波，录波数据应包含电压、电流、开关位置等；DTU 需满足至少 2 个回路的录波。

（3）录波采用文件传输方式，录波文件格式遵循 Comtrade 1999 标准中定义的格式（详见 GB/T 22386—2008《电力系统暂态数据交换通用格式》），只采用.cfg（配置文件，ASCII 文本）和.dat（数据文件，二进制格式）两种。

（4）满足录波数据的精度要求。

38. 配电终端供电电源采用直流电源供电时应满足什么技术指标？

答： 配电终端供电电源采用直流电源供电时应满足的技术要求有：

（1）电压标称值为 220V、110V、48V 或 24V；

（2）标称电压容差为＋15%～－20%；

（3）电压纹波不大于 5%。

39. 国网配电终端招标技术标准要求，配电终端每路开关的遥信量为 5 个，请对照标准点表简述其接入开关量，并说明为何厂家必须配置 6 个遥信量以满足技术规范要求？

答： 厂家配置的 6 个遥信量分别为：接入开关量 1-开关合位、接入开关量 2-开关分位、接入开关量 3-开关远方位置、接入开关量 4-接地位置、接入开关量 5-SF$_6$ 气压低告警/弹簧未储能、接入开关量 6-操作电源空开断开。招标要求 5 个开关接入量是考虑的终端进行分合闸校验后上传开关位置的一个位置信号，所以终端必须接入 6 个开关量，方可进行开关位置的校验。

40. 配电自动化终端入网专业检测主要包括哪些类型的配电终端设备？

答： 配电自动化终端入网专业检测主要包括如下类型配电终端，并应区分所配套开关机构类型：

（1）站所终端（DTU）"三遥""二遥"；

（2）馈线终端（FTU）："三遥""二遥"；

（3）配变终端（TTU）。

41. 配电终端的接插件应满足哪些技术要求？

答： 配电终端的接插件应接触可靠，应具备良好的互换性，应满足：

（1）提供的试验插件及试验插头应满足 GB/T 5095 的规定，以便对各套装置的输入和输出回路进行隔离或能通入电流、电压进行试验；

（2）外接端口采用航空接插件时，电流回路接插件应具有自动短接功能。

42. 简述蓄电池验收要求。

答： 蓄电池验收要求为：

（1）蓄电池组电压应满足运行要求；

（2）蓄电池室密封、干燥应符合设计的要求；

（3）布线应排列整齐，极性标志清晰、正确；

（4）电池编号应正确，外壳清洁；

（5）极板应无严重弯曲、变形及活性物质剥落；

（6）蓄电池组的绝缘应良好，绝缘电阻应不小于 0.5MΩ。

43．新安装配电自动化系统应具备哪些技术资料？

答： 新安装配电自动化系统应具备的技术材料有：

（1）设计单位提供的设计资料（设计图纸、概算、预算、技术说明书、远动信息参数表、设备材料清册等）；

（2）设备制造厂提供的技术资料（设备和软件的技术说明书、操作手册、软件备份、设备合格证明、质量检测证明、软件使用许可证和出厂试验报告等）；

（3）施工单位、监理单位提供的竣工资料（竣工图纸资料、技术规范书、设计联络和工程协调会议纪要、调试报告、监理报告等）；

（4）各运维单位的验收资料。